利用阳台的空间种植，让我们尽享窗边乐趣！

新手养多肉不败指南

[日]羽兼直行　著　满新茹　译

中国水利水电出版社
www.waterpub.com.cn
·北京·

玩转多肉

多肉植物的体内储存着大量的水分，且叶片和茎肥厚多汁。
为适应缺水环境而形成的独特造型非常招人喜欢。
多肉植物可以几天不浇水，因此即便是不常在家的人，也可以种植。
窗边、阳台、桌子，只要小小的空间，便可享受多肉带来的无限乐趣。
本书将为你详细解说多肉的魅力和养殖方法，
与你共享多肉带来的快乐!

多肉植物养护秘诀!

POINT 1

放置在通风和光照良好的地方

多肉植物多喜阳，因而最好尽量放置在日照良好的地方。如果在室内，一定放在方便换气、通风良好的地方。

POINT 2

避免淋雨

虽然很多多肉植物不怕淋雨，但如果赶上休眠期，也会造成损伤。如果不了解多肉植物的习性，建议放在房檐下等位置种植!

POINT 3

休眠期内不要浇水

养殖多肉的时候，最需要注意的便是浇水问题。各个物种虽然有所不同，但是不在休眠期内浇水肯定是最安全的。如果过于干燥，1个月内也就浇1次水。即便处于生长期，每周浇1次水也足够了。

Contents

可爱的多肉植物

利用阳台的空间种植，让我们尽享窗边乐趣!

Part 1

比花更美的多肉植物创意

Part 2

趣玩多肉植物

Part 3

培育多肉植物

Part 4
多肉植物图谱

セダム
¥315
(300)

Part 1

比花更美的多肉植物创意

多肉植物的其中一个魅力就在于，即使是种在小小的器皿中，姿态也非常可爱，如果你再花些心思在组合搭配或是器皿选择上，更能体会到各种各样的乐趣。下面，让我们一起造访3个享受多肉快乐的家庭吧。

以漂亮的布局来装点室内和露台

中野常年研习花艺，利用棕榈纤维、木箱等简单的材料巧妙布置，尽享多肉植物带来的无限乐趣。他说："每个多肉植物都很可爱，因此我们无需特意搭配，只需头脑中有装饰的意识，利用多肉的独特形状'排兵布阵'即可。我推荐大家使用花环等手头现成的器皿，一次做成后即可长久享受它带来的乐趣"。在他家里，窗边、桌子、阳台，多肉植物不经意地出现在日常生活的各个角落。

木质的小箱内装满各式各样的多肉植物。在植株底部装饰上棕榈纤维，可以给人以浑然天成之感。

用景天属、拟石莲花属、风车草属多肉等创作的花环。注意：制作完成后，一定水平放置花环直至生根。

在鸟笼状的花器中混栽景天属、拟石莲花属等多肉植物。挂于屋檐下赏玩。

01

nakano's arrange

布局规划在室内的桌上即可完成。只需
将混栽中使用的插穗放在鸡蛋托盘里就
足够可爱漂亮了!

窗边的混栽多肉。多肉植物非常喜光。平时最好每天晒日光浴，防止放在室内的多肉徒长。

园艺风的台灯中栽上景天属或是青锁龙属多肉植物。红色的叶片宛如火焰一般，令人身心愉悦!

利用漂流木、白铁皮栽种的风车草属多肉植物。将黑色或白色的铺面石撒在土上，给人一种明快的感觉!

栽种在小型花器中的景天属或是拟石莲花属多肉植物。小篮子中的是日本产的多肉植物中斑三叶景天。最适合放在光线良好的窗边。

在阳台上享受小小多肉带来的乐趣!

公寓2层朝南的露台是设乐的多肉王国。光照充分、通风良好，又能遮挡雨水的阳台，最适合种植多肉植物。设乐从3年前开始收集种植，至今，小小阳台上已经汇集有近百种多肉植物。“虽然有近百种之多，但是由于多肉植物体型较小，也占不了多大地方，这就是种植多肉的优势。如果利用彩绘等手工制作的花器种植会更有乐趣。”设乐说。

利用空罐进行彩绘，再贴上标签即可制成花器。注意，不要忘记在罐子底部扎上小孔。图中所示的是手工花器中栽种的信东尼。

在光照良好的阳台，利用花盆托为多肉植物搭建一个约15cm宽的放置场所。如此一来，多肉植物可以充分接受阳光的照射，健康生长

各式花器中栽种着各种多肉植物。只要将外面销售的花器稍稍加工一下，就会显现出自己的特色。

通过彩绘制成的创意花器中栽种着景天属、风车草属等多肉植物。

陶制花器中混栽着景天属、厚叶草属、银波锦属、青锁龙属的多肉植物。注意，在日照条件良好的地方栽种非常重要。

健康培育众多植株

自30多年前就开始种植多肉的高桥现在已经称得上是专家了。过去，高桥连从哪里可以弄到幼苗都不清楚，只能依赖产品目录进行邮购。因此，哪怕是落叶生出的小芽，她也舍不得丢弃，慢慢的，手头上的幼苗多了起来，甚至还有筒状花月等其他地方难得一件的大型植株。

木质的小小温室内，培育着各种健康的多肉植株。他们之中的大部分都是通过叶插的方式进行繁殖的。

高大的筒状花月。从外形上，便可以看出它是与发财树属于同一科。

通过叶插和芽插的方法培育出众多小苗。这些小苗既可以用于混栽，也可以分享给亲朋好友!

利用大型草莓罐栽种的混栽盆景。可以混合搭配青锁龙属或是景天属多肉植物。

Part 2

趣玩多肉植物

圆圆的叶子、整齐的刺儿、剔透的小窗、柔软的绒毛、漂亮的花朵，只是注视着这些小小花器中的多肉植物，就能让人心旷神怡。如若再尝试混栽或是花艺，更是乐趣无穷。本章中，笔者会向大家介绍收藏、繁殖方法、培育实生等让快乐加倍的多肉秘诀。

多肉植物的形状和色彩!

多肉植物的魅力在于它充满个性的形状和色彩。有的毛茸茸的、有的带有晶莹剔透的小窗，有的圆滚滚的甚至让你不觉得它是植物，这一个个的小多肉，怎么看都不让人厌烦。收集越多，趣味越多。多肉植物大多属于是小巧紧凑型的，哪怕是一平方米的地方，也足够安置百余株多肉了。

1 叶上长满密密绒毛的锦晃星。
2 叶片毛茸茸的、长有红色“指甲”的好似熊掌的银波锦属“熊童子”。
3 叶片的颜色可从绿色渐变为粉色，融合了色彩之美的霜之鹤 。
4 叶片顶端带有透明小窗的玉露。
5 棒状叶片的顶部带有小窗的棒叶花属 / 窗玉属“群玉”。
6 蜕皮中的生石花，新芽冲破旧芽而出。

如果将小型花器摆在托盘或浅盘中，不仅照顾起来方便，看起来也非常漂亮。

色彩鲜艳而美丽的各种拟石莲花属多肉植物。

1 溜圆的大戟属布纹球。

2 溜圆的肉锥花属翠光玉。

3 小刺整齐排列的美丽仙人掌。

4 美丽的生石花属多肉拓榴玉开出了花朵。

5 在小刺的间隙中绽放的仙人掌的花朵。

6 叶片里外颜色形成强烈对比美的草胡椒属红椒草。

托盘内种植着生石花数目众多的幼苗。生石花的体型较小，且生长缓慢，可以用这种方式享受它带来的独特乐趣。

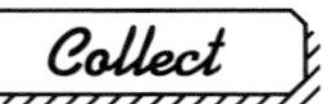

铁质托盘内并排摆放着各种多肉植物。

室内的摆放场所。即便是飘窗等小小的空间，也能种植多个品种。这个位置日照和通风俱佳，白天的时候可以随时开窗。

利用摆放插件的托盘，排列摆放小型花器。

COLUMN

叶插•芽插

拟石莲花属、景天属、青锁龙属等叶多的多肉植物可以利用
叶插或是芽插的方法简单繁殖。
大量培育出小苗之后，就可以进行混栽或是花艺设计啦!

HOW TO

叶插

多肉植物中的大部分，如景天属、伽蓝菜属、拟石莲花属、青锁龙属等，再生能力都很强，哪怕是小小的一片叶子，都能生根发芽成为一株幼苗。只需要很短的时间，就能一次性获得多株幼苗。

▶ STEP1

做法很简单，只需将叶片置于土壤之上即可。不久之后，就会生根发芽，成为一小株小苗。为了防止弄混，可以预先插上标签。

▶ STEP2

当苗长大一些后，可以移栽到花器中。一个花器中也可以混栽多株幼苗。如果旧叶阻碍了新叶的生长，也可以拔除。

HOW TO

芽插

芽插的关键在于保持切口的充分干燥。如果剪切下来立即种植的话，很有可能从切口处开始腐烂。因此，需先将剪切下来的小芽放在通风良好的地方，待生根后再移栽到花盆中。

▶ STEP1

预留1cm的茎，剪下芽尖。之后就会长出小芽。

▶ STEP2

将剪切下来的插穗放到通风良好的地方，以保证切口的干燥。如果将插穗放倒的话，茎很容易弯曲，因此最好将插穗立起来。

▶ STEP3

1～2周，切口附近发根后就可以移栽到花器中。花土最好使用仙人掌·多肉植物专用土，如果没有，使用普通的花草专用土也可以。

▶ STEP4

注意移栽的时候不要伤到根。移栽后的1周内不要浇水。

Arrangement

人见人爱的创意小盆栽

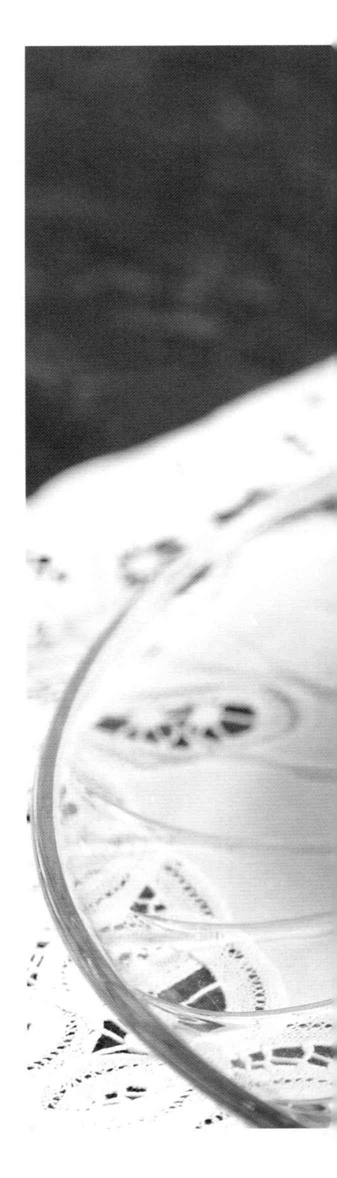

只要在花盆、容器上下些功夫，多肉植物的组合就会给人带来很多乐趣。只需将多肉栽种在可爱的花盆内，就会成为一个漂亮的室内装饰。如果再组合搭配上人偶、小物件等，就更加漂亮。混栽也很有乐趣，综合考虑颜色、形状、器皿等搭配，让我们自由搭配出自己喜欢的风格吧!

白铁皮容器内多种多肉植物的混栽。颜色和形状不同的组合可以带来不同的乐趣。

手工制作的赤陶容器内栽种的仙人掌“蛋糕”(仙人掌拼盘)。
如果选用生长缓慢的植株，盆栽的美丽可以保持得更长久。

装饰门口的大型龙舌兰和仙人掌。小刺的尖部扎上泡沫苯乙烯制成的小球，既可以起到装饰作用，又能防止被小刺刺伤。

通过嫁接而成的仙人掌组合。

将造型奇特的多肉植物制成盆栽，只需稍稍搭配即可用于装饰房屋。上图中的多肉植物从左到右依次是青锁龙属、十二卷属“玉扇”、沙鱼掌属。

Arrangement

混栽的制作方法

多肉植物的混栽，可以让人享受到自由组合的乐趣。可以考虑颜色、形状的平衡比例、多肉的种类等方面进行混合搭配。至于混栽的花器你也可以任意选择。让我们一起去杂货铺选购漂亮的花器吧!

材料

我们需要事先准备好花盆、土壤和移栽的植物。土壤除了栽种用的培养土之外，最好再准备一些铺在表面的细小的蛭石。需要移栽的植物要注意提前生根（详情请见27页芽插的相关内容）。操作用的小镊子，为了防止损伤植物，推荐使用竹质物品。

多肉植物分为夏种型、冬种型和春秋种型，其生长时期各不相同（详见46~51页）鉴于不同类型的多肉的浇水方式各不相同，为了能够长时间地享受混栽带来的乐趣，建议大家选用相同类型的多肉进行移栽。

1

加入栽培专用土至8分满，上面铺上装饰用的蛭石。

2

稍稍润湿土壤，并用小镊子挖出栽种幼苗的小洞。

3

镊子的方向要顺着苗的茎叶方向。

4

注意插苗的时候不要伤到根。

5

插入苗后，按住小苗，松开并拔出镊子。

6

为了不让小苗活动，可以轻轻地按压一下植株根部。

7

用同样的方法再移入其他植株。

8

移植完毕，一周左右不要浇水。

完成！

不久后，多肉植物就会开始生长，成为美丽的盆栽。

青锁龙属“发财树”、“火祭”、厚叶草属、拟石莲花属多肉组合成的悬挂作品。

多肉植物播种育苗!

最近非常受欢迎的一种种植方式是“实生”。所谓的“实生”，就是播撒种子，培育幼苗。等待望着小小的嫩芽破土而出，看着它一点点长大，可谓乐事。如果将不同种类的多肉进行杂交，还有可能培育出独一无二的创新品种。只需花一点时间和心思，实生就并非难事。

杂交后播种，可以产生带有双亲属性的下一代。左图是拟石莲花属·雪莲。右图是拟石莲花属·卡罗拉。前面的是它们的杂交品种

仙人掌实生苗（播种后约 1 年，直径约为 3 ~ 4mm）。虽然到了摊开各自种植的阶段，但是就这样一起养着也别具乐趣。

生石花实生苗（播种后约 1 年）。杂交后的种子育出很多的幼苗。各种幼苗的生长速度也各不相同。

挤得满满的3年生生石花苗。可以看到各种各样的植株，甚是有趣。

Seedling

杂交的方法

通过昆虫花粉受精可以自然地结出果实，然而想要育种或是杂交的时候则需要人工授精。由于花期不同，大家可以先保存花粉再择期进行杂交。

1

杂交的父亲品种（左）和母亲品种（右）。两者都是拟石莲花属多肉。最初选用开花时间相同的植物。

2

将细笔尖探入到花内，转2~3圈，让笔尖上沾上花粉。

3

将沾上花粉的笔尖插入到母亲品种的花中，让雌蕊的尖部沾上花粉。

4

在人工授粉的花上挂上标签，注明父亲品种、母亲品种和人工授粉的时间。

Seedling

播种

授粉成功后，果实就会膨胀进而产生种子。趁它还没有自然随风飞散，提早提取种子。杂交开始到种子成熟所需的时间，会因物种的不同而不同，因而要注意观察。

1

拟石莲花属的植物，大约需要1个月的时间种子便可成熟。用剪刀将带有标签的果实小心地剪下来。

2

在白纸上将果实剪开，提取其中的种子。有的杂交组合也可能出现无法产生种子的情况。

3

由于种子很小，大家可以借助网眼较小的茶滤等，将种子与花蒂、垃圾等分开。

4

将挑出来的种子撒在小花盆或穴盘(cell tray)上薄薄一层。专用土需使用细细的蛭石，保持清洁。注意不要忘了加标签。

Seedling

发芽和移栽

撒种后的花器需放到盛满水的托盘上，防止其干燥。发芽所需时间根据物种及环境条件的不同而有所差异，甚至有的需要花费1年的时间，请耐心等待。

1

拟石莲花属多肉植物的萌芽。长出1～2mm的小叶。

2

叶子渐渐变大、变厚。待小苗长成之后，每几株进行1次扩种。

3

扩种后2～3个月的小苗。已经看起来是多肉植物的模样了。这时候就可以移植到花盆中了。

4

将数株多肉移植到花盆中。根连在一起的话就作为母株来照顾。

每个花盆中摆放一株拟石莲花属多肉植物。它们颜色、形状等各不相同，展现出不同的个性，非常有趣。

Part 3

培育多肉植物

多肉植物只有在健康的状态下，才能美丽地绽放。想要享受种植的快乐，首先要保证其健康生长。我们在园艺中心等地常见的品种多为皮实好养的植物，只要抓住重点，确保多肉的健康并非难事。

Grow plants

多肉属性知多少

为了适应缺水的生长环境，多肉植物的叶片和茎多肥厚多汁。世界各地的多肉植物种类繁多，造型各异。掌握各种多肉植物的习性，才能长久地享受其带来的乐趣。在日本培育的多肉植物大致分为：夏季生长的夏种型、冬季生长的冬种型、春秋生长的春秋种型。

长生草属

景天科
产自欧洲中南部，
耐寒，惧热。
冬种型

莲花掌属

景天科
产自于加那利群岛、北非等地。
其野生地属于夏季炎热干燥、冬季温和多雨的地中海型气候。
冬种型

大戟属

大戟科
主要产自非洲马达加斯加地区，分布于全球。
夏种型

银波锦属

景天科
主要分布在南非地区。
夏种型

十二卷属

百合科（阿福花亚科）
主要分布在南非地区。
常群生于岩石下面等看不到的地方。
春秋种型

生石花属

番茄科
主要分布在南非纳米比亚少雨的高原地区。
冬种型

多肉植物的故乡

说起多肉植物的野生环境，大家自然而然地会联想到酷热少雨的沙漠等地。事实上，虽然多肉植物的代表性植物——仙人掌等确实生长在这样的环境里，但也有的物种生长在干湿分明、降雨较多的地域。甚至还有的生长在长期潮湿，或是海拔高的严寒之地。

Grow plants

夏种型的习性

多肉植物中较好养的便是夏种型。新手最好从此入手。仙人掌属、景天属，都属于这个类型。

夏种型的多肉春夏两季生长，冬季休眠。由于其生长规律与其他植物一样，就算是新手，养起来也不难。生命力比较强的物种有很多，比如说仙人掌属、景天属、伽蓝菜属、青锁龙属等。我们在园艺中心等地常见的多为夏种型。

夏种型中既有虹之玉、芦荟等耐寒、可在室外过冬的景天、百合科；也有无法忍受日本夏季高温潮湿气候的品种。

夏型の多肉植物

●景天科
景天属、厚叶草属、风车草属、青锁龙属的一部分、伽蓝菜属、银波锦属

●大戟科
大戟属

●仙人掌科
仙人掌属

●百合科/阿福花亚科
沙鱼掌属、芦荟属

●龙舌兰科
龙舌兰属

●夹竹桃科
厚叶草属

●马齿苋科
马齿苋属

从左向右依次是：Graptoveria属、银波掌属、有星属、景天属

从左向右依次是：厚叶草属、乳突球属、伽蓝菜属、裸萼球属

夏种型的生长与养护

夏种型植物的生长规律与一般植物相差无几。从春天开始进入生长期，在冬季的休眠期只需保证一定的温度，即可存活。

Grow plants

冬种型的习性

冬种型属于夏季休眠的类型。生石花属、肉锥花属等高度肉质化、蜕皮的多肉是这一类的代表。

冬种型多肉从秋季到春季持续生长，夏季休眠。它们多生长在冬季湿润多雨的地中海沿岸、欧洲山地、南非至纳米比亚高原地区的寒凉之地。生长周期也与一般花草不同，因而栽培过程中要特别注意。生石花属、肉锥花属的多肉植物带有透明的小窗，且还可从好似枯萎的植株中萌发新芽（蜕皮），别具趣味，一定要体验一下哦！

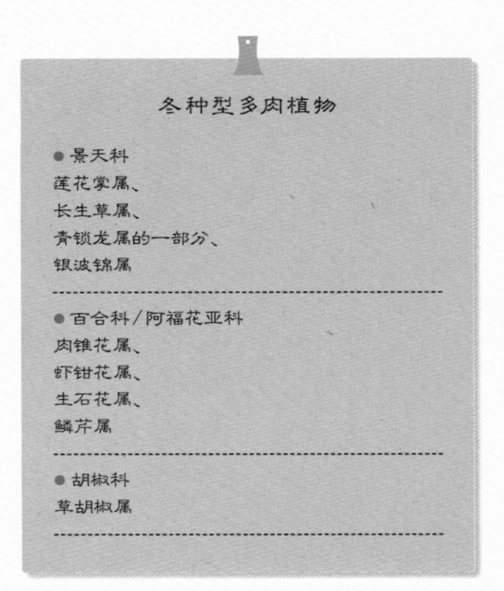

冬种型多肉植物

● 景天科
莲花掌属、
长生草属、
青锁龙属的一部分、
银波锦属

● 百合科/阿福花亚科
肉锥花属、
虾钳花属、
生石花属、
鳞芹属

● 胡椒科
草胡椒属

从左向右依次是：肉锥花属，风铃玉属，舌叶花属，草胡椒属

从左向右依次是：肉黄菊属，肉锥花属，长生草属，瓦莲属

冬种型的生长与养护

夏种型植物的养护重点是夏季不浇水。如果不注意浇了水的话，就会导致根部腐烂。

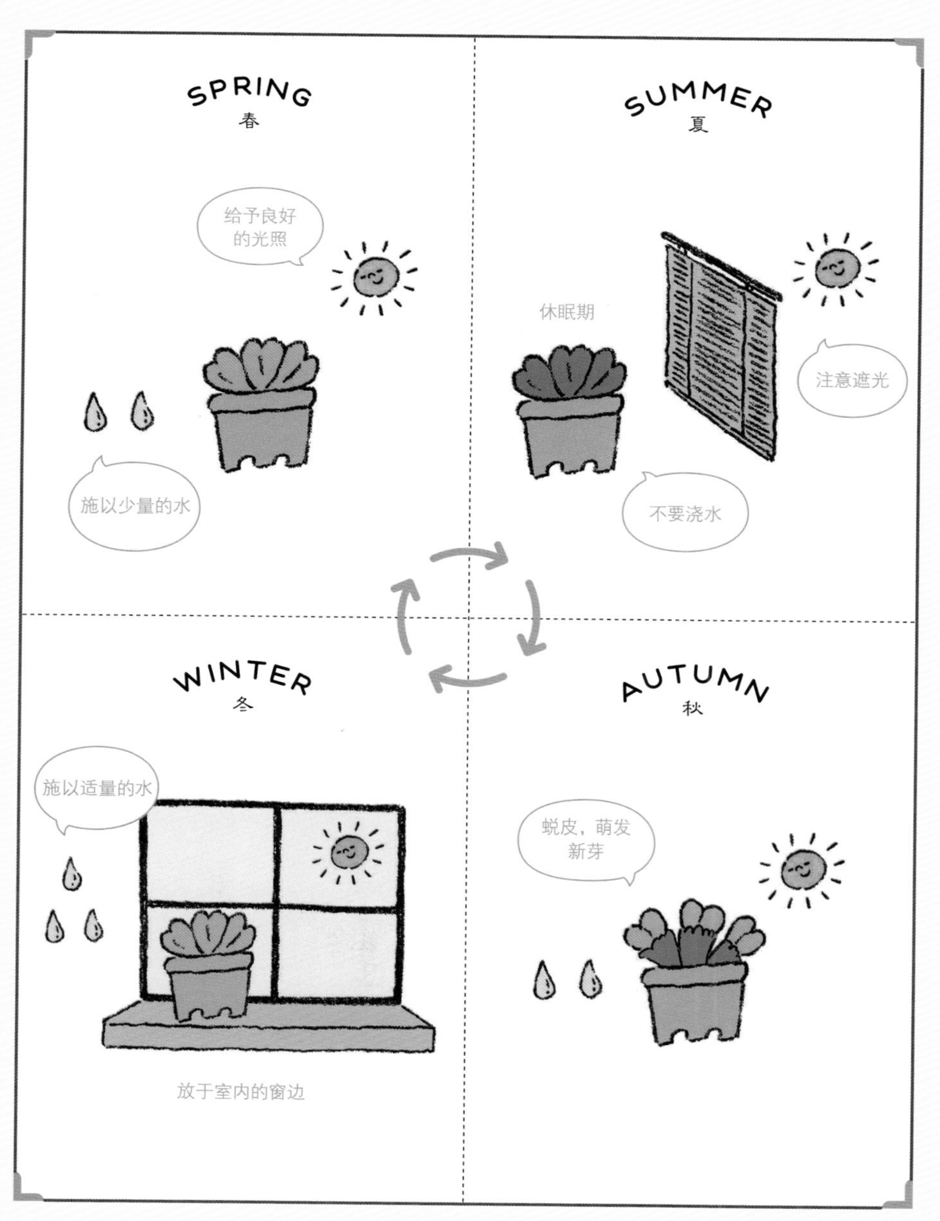

Grow plants

春秋种型的习性

春秋种型的植物只在春秋两季气候最好的时候生长。基本上与夏种型相似，都不适应日本的酷暑。

春秋种型的多肉在夏季和冬季处于休眠状态，只在春秋温和的气候下生长。其野生地多为夏季也不太热的热带或亚热带的高原地区。虽然有的也可以被划为夏种型，但夏季的高温很容易灼伤它们，因而，夏季休眠是最安全的了。养殖方法基本同夏种型，但盛夏时需断水。

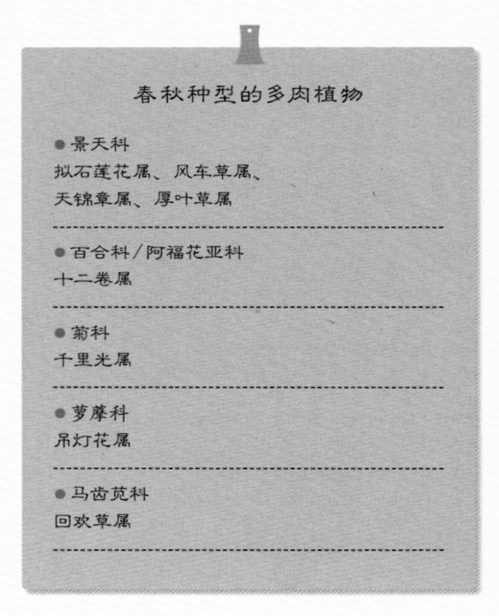

春秋种型的多肉植物

● 景天科
拟石莲花属、风车草属、
天锦章属、厚叶草属

● 百合科／阿福花亚科
十二卷属

● 菊科
千里光属

● 萝藦科
吊灯花属

● 马齿苋科
回欢草属

从左向右依次是：十二卷属、十二卷属、拟石莲花属、千里光属

从左向右依次是：拟石莲花属、青锁龙属、拟石莲花属、十二卷属

春秋种型的生长与养护

寒冷时期、酷热时期，一定要极其注意控水，令其休眠。由于春秋种型多肉植物的生长周期很短，春秋时候一定要让其充分接受光照。

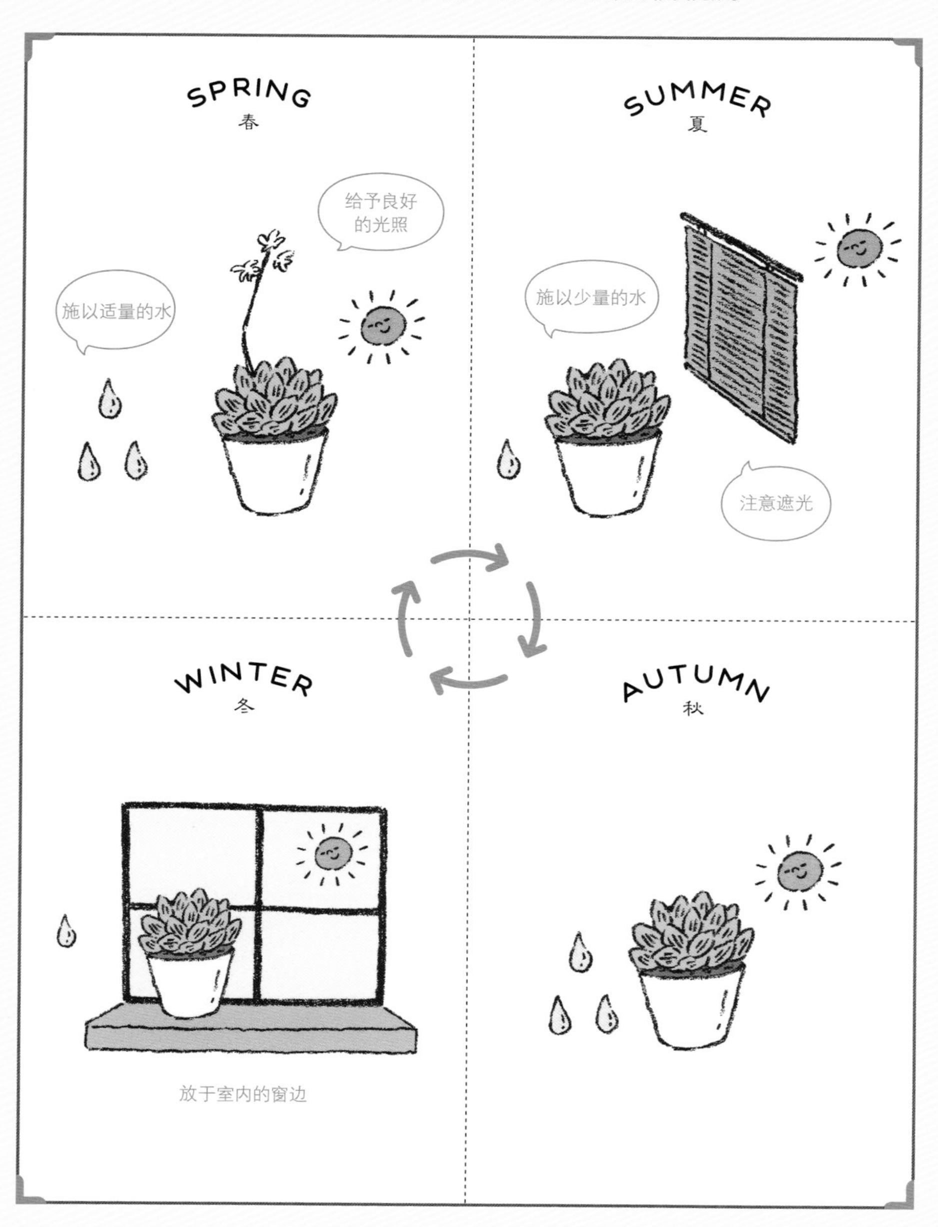

Grow plants

多肉植物的移栽

母株需要每2～3年移栽1次

多肉植物生长缓慢，因此无需像其他花草、观叶植物一般，每年都进行移栽。但是，如果对于移栽的事完全不上心的话，到了夏季，多肉因为长满了根儿，就特别容易枯萎。因而，每2～3年移栽1次比较好。此外，通过芽插培育的小苗，每年移栽1次会生长得更好。

分株扩种

有些多肉会在植株根部育出小苗，形成分枝。虽然可以不予干涉，但如果分枝长得过大，就很难处理了。建议大家最好进行分株扩种。十二卷属、芦荟属、龙舌兰属等，只需要去除陈土，移植后立即浇水即可。

粗根类多肉的移栽·分株（芦荟）

1

图中的芦荟植株已经探出了花盆。让我们进行分株移栽吧！

2

首先从花盆中拔出植株，并除去旁枝。注意尽可能得不要伤到根。

3

剪去枯萎的枝叶和受损的根后，立即移栽到新土中。

4

将小棵植株种到小花盆里。移栽后，需立即浇水。

细根类多肉的移栽·分株（仙人掌）

1

图中所示为小苗大量萌生处于移栽期的仙人掌。

2

用镊子等将植株拔出，需小心仙人掌的刺。

3

用剪刀将其剪开。可使用泡沫苯乙烯等扶着幼苗，防止被扎伤。

4

去除陈土，并剪短长根。

5

图中所示为分株后的仙人掌。小株的没有根也没关系。如此放置1周左右，切口即可干燥。

6

切口完全干燥后即可移栽到干土中，需要注意的是，移栽3~4日后才可浇水。

de bon
Matin

Part

4

多肉植物图谱

多肉植物为了适应残酷的自然环境，形态千变万化。造型的精妙甚至让人怀疑它植物的属性。让我们一起享受多肉植物带给我们的多样造型与色彩的快乐吧！

图谱页的阅读方法

多肉植物根据“属”进行分类，并以各“属”的养护方法为标准分为夏种型、冬种型和春秋种型。本章中将详细介绍各类的特征与栽培方法。如果一个属同时属于几个大类，将根据该属的代表性植物或多数植物的情况划入相应的大类之中。各大类中，先按科排序，再按属进行介绍。科、属是生物分类系统中相近属性物种的集合，科或属相同的物种在分类系统中属于近缘关系，其性质、培育方法也大体相似。因而，培育多肉植物时，不仅需要了解它的品种名或通用名，最好连同其属名、科名也一起掌握。本章中在介绍所列物种特征时，都同时标注了学名和通用名。

数据的阅读方法

◎科名——属所在的科的名称（近来，由于分类学的发展，旧的分类体系有了大幅的变化。如属所在的科名发生变化，将同时标记新旧两种科名）

◎原产地——主要的野生场所

◎浇水——随季节变化的浇水标准次数

◎根的粗细——根的类型

◎难易度——养殖难易度。★的数量越少表示难度越低，反之则代表难度越高。

【夏种型】的培育方式

3~5月的养护方法

多数的植株在这个时间开始生长。最好将其放置在光线和通风条件良好的屋檐下。仙人掌类的多肉多是在春天进入开花期，让我们在这段时间内尽情欣赏其美丽的花朵吧。

水要浇透，以有水能从底座流出为宜。表面土壤干燥后2~3天，盆内充分干燥后再浇水。根据花盆大小、放置场所的不同，浇水间隔会有些差别，但大致保持每周1次的频率。

移栽最好选在植物还未开始生长的3月初，只要不是特别难养的品种，5月底之前的任何时期也可以。移栽的频率方面，如果小苗长大、花盆小了即可移栽，如果是大植株，2~3年移栽1次。

春夏两季的任何时段都可以进行芽插或叶插。

多肉植物基本不需要施肥。如果施肥，5~7月是最佳时期，按照1个月1次的频率喷洒低于标准浓度的液态肥料即可。

6~8月的养护方法

这段时间内可以继续将多肉放置在日照和通风良好的房檐下。强光下易被灼伤的品种，可转移到房屋东侧等午后阳光照射不到的地方，或是利用冷布、苇帘进行遮光处理。不耐热的品种不能淋雨，因而要注意防雨。其他品种虽不怕雨，但在梅雨季节、连续降雨的时候，也最好转移到遮雨的地方。

这个时期的通风最为重要。如果通风条件不好，很容易造成植株因闷热腐烂。

要充分浇水。连续晴天时，最好每3天浇1次。但对于不耐热的植株，最好控制浇水频率，每周1次较好。否则会又闷热又潮湿，在这种情况下多肉会容易烂死。景天属、拟石莲花属等莲座型的多肉，如果叶子中存了水就会发生腐烂，因而浇水时一定注意向根部洒水。

养殖方法的基础知识

夏种型的植物中有很多是热带性植物。春季到秋季，需给予充分的光照和水分，但盛夏的时候需注意遮光，防止过分干燥。它们在低温期会停止生长（休眠），这时需注意停止浇水或给予极少的水分。

9～11月的养护方法

即便是夏季时需要避光的植物，在这段时间也要转移回日照充分的地方，充分接受光照。景天属、风车草属、伽蓝菜属等秋冬季节叶片会变红的品种，如果得到充足的日照，就会焕发出异常美丽的颜色。

这个期间的浇水间隔要适当延长。品种不同虽有所差异，但绝大部分的植株在11月的时候最好隔周浇1次。如果秋季浇水过多，到了寒冷的冬季，植株很容易受损。

夏季长大的植株可在这个时期内移栽、分株、塑形。只需整体从花盆中拔出，剪成合适的大小，移栽到新土中即可（详见52页）。移栽时，最好检查一下根部是否有白色的小虫。如果有，可先用流水进行冲洗、再喷上杀虫剂。

多肉植物一般生长缓慢，无需施肥。如给景天属等生长迅速的植株施以少量肥料的话，长势会更好。

12～2月的养护方法

随着气温的下降会出现长速放缓的情况。但由于多肉原本就长得慢，因而不明显。景天属的“虹之玉”、“虹之玉锦”等到了这个时期会变红，还有些多肉会开花，因而即便是休眠期也能带给人独特的乐趣。

多肉植物最好放置在室内，耐寒的品种可放在室外，可根据其属性进行安排。在室外最好放在北风吹不到的向阳处。寒风会导致多肉的叶子枯萎。室内可放在没有暖气的地方。温暖的环境可能会出现徒长。光照越充分越好，处于休眠期的多肉无需特别照顾，偶尔通通风便可。

这个期间浇水要尽量少，1个月1次让土壤微湿润即可，哪怕是土壤干了也没问题。

景天属

Sedum

DATA

科　名	景天科
原 产 地	世界各地
浇　水	春秋两季每周1次，夏季隔周1次，冬季每月1次
根的粗细	细根类
难 易 度	★☆☆☆☆

景天属多肉植物广泛分布于世界各地，容易养殖且备受人们喜爱。有很多品种在耐寒性和耐热性方面都有优良特性，可作为屋顶绿化的植被使用。景天属多肉品种繁多，叶片多圆润、小巧群生、呈莲座形式排列。富于变化的造型令其成为混栽花艺中必不可少的宝贵素材。

景天属多肉植物通常喜光，但也不耐盛夏的直射阳光，因而强光下可以转移到阴凉的地方。绝大部分的植物有极强的耐寒性，即使是气温降至0度左右也能过冬。从春天到秋天都是其生长期，但需注意盛夏时要控制浇水的次数。特别是群生的植株，一定放在通风良好的地方，防止闷热。此外，春季或秋季是移栽的最佳期。叶插最好也在秋季进行。

大型姬星美人

Sedum dasyphyllum f. *burnatii*

大型姬星美人是由许多小小的圆形叶片组成的小型景天属多肉植物。冬季里，叶片会变成紫色。耐寒能力强，可在室外过冬。姬星美人之中比较大型的品种。

毛姬星美人

Sedum dasyphyllum var. *suendermanii*

姬星美人有很多品种，甚至还有很多变种，毛姬星美人就是其中之一。其特点是叶片上密布着绒毛。

姬星美人
Sedum dasyphyllum

最常见的姬星美人。体型最小巧，到了冬季，叶片会变为紫色。因酷似厚叶草属的“星美人”且体型较小而得此名。

白千代
Sedum pachyphyllum f.*cristata*

白千代是小型的景天属多肉植物，其叶片为带有白色粉末的棒状叶。

原产自墨西哥，长成大植株后会分枝，呈树木状。

乙女心缀化
Sedum allantoides

乙女心缀化是“乙女心”的缀化品种。培育方法同“乙女心”，如果给予充分的日照，将焕发出绚丽的色彩。具有强耐寒性，即便是气温降到0摄氏度以下，也可在室外过冬。

玉莲
Sedum furfuraceum

玉莲呈灌木状，圆圆的叶片表面覆有一层厚厚的天然白霜，颜色从深绿色到深紫色不等。开有白色花朵。由于生长缓慢，可采用叶插的方式进行繁殖。

Sedeveria属

Sedeveria

DATA

科　　名	景天科
原 产 地	杂交属
浇　　水	春季~秋季隔周1次，冬季每月1次
根的粗细	细根类
难 易 度	★☆☆☆☆

Sedeveria属是景天属和拟石莲花属的杂交属。其叶片比拟石莲花属的叶片稍厚，多呈莲座状排列。Sedeveria属融合了拟石莲花属的美丽和景天属顽强的生命力，大多是好养的品种。

蓝色天使

Sedeveria'Fanfare'

杂交双亲不明的杂交品种。短茎直立。光照不良的情况下，可能发生徒长，因而一定要注意给予充分光照。

Sedeveria'Yellow Humbert'

Sedeveria'Yellow Humbert'

Sedeveria'Yellow Humbert'的叶片长约1~2cm，呈纺锤形排列。作为小型健壮的多肉，最多可长到10~15cm。可开直径约1cm的鲜艳黄色小花。

静夜缀

Sedeveria'Supar brow'

静夜缀是拟石莲花属“静夜”和景天属“玉缀”的杂交品种。图片所示为带斑纹的品种。又称“大玉缀”。

厚叶草属

Pachyphytum

DATA

科　　名	景天科
原 产 地	墨西哥
浇　　水	春季~秋季隔周1次，冬季每月1次
根的粗细	细根类
难 易 度	★☆☆☆☆

厚叶草属凭借其柔和的色调和肥硕的叶子深受人们的喜爱。虽为夏种型，但盛夏时节生长缓慢，仍需注意控制浇水次数，并进行半日阴(午后转移到阴凉处的方法)的养护。叶片有白粉，在浇水的时候注意不要撒在叶片上。移栽的最佳时间为春季或秋季。具有极强的蔓延能力，最好每1~2年移栽1次。繁殖采用叶插或是芽插的方式。

群雀

Pachyphytum hookeri

群雀的叶片呈纺锤形，白色的顶端微尖，甚是可爱。带有白粉的叶片到了秋冬季节会变红。开粉色的花朵。

Pachyphytum werdermannii(小美人)

Pachyphytum werdermannii

高度约为10cm的小型厚叶属多肉植物。叶子呈扁平的球状，覆盖有白粉，秋冬季节，颜色会变为紫色。

赤耳少将

Pachyphytum viride

赤耳少将是相对大型的厚叶草属多肉，如果置于光照良好的地方，秋冬季节，叶片会染上红色。耐寒性极强，做好防霜工作的话室外养殖也可以。会开出白色的花朵。

风车草属

Graptopetalum

DATA

科　　名	景天科
原 产 地	墨西哥
浇　　水	春季~秋季隔周1次，冬季每月1次
根的粗细	细根类
难 易 度	★☆☆☆☆

莲座状的叶肉、披白粉的叶片、朦胧的颜色——构成了风车草属多肉的独特魅力。风车草属多肉中有很多淡粉色的品种，是混栽花艺中配色所需的重要品种。此外，该属多肉结实、易养，全年放置在光照良好的地方即可。具有一定的耐寒性，只要温度不低于0摄氏度，放在室外养植也无妨。在休眠期的冬季，尽量保持干燥。

桃之卵
Graptopetalum amethystinum

桃之卵的叶片带有紫水晶(amethyst)般美丽的颜色。具有极强的耐寒性，只要温度不低于0摄氏度，可在室外过冬。

蔓莲
Graptopetalum macdougallii

蔓莲是叶片呈青绿色的美丽品种。叶片最多长至3~4cm，呈莲座状排列，可利用匍匐茎分生出很多子株。

姬秋丽
Graptopetalum mendozae

姬秋丽是风车草属中体型最小的莲座型多肉，秋冬季节叶片会染上粉色。如果得不到充分的光照，很难焕发出绚丽的色彩。耐寒性较强，温暖地区可置于室外过冬。

Graptoveria属

Graptoveria

DATA

科　　名	景天科
原 产 地	杂交属
浇　　水	春秋两季隔周1次，夏冬两季每月1次
根的粗细	细根类
难 易 度	★★☆☆☆

Graptoveria属是拟石莲花属和风车草属的杂交属。该属的叶片肉质厚，呈莲座型排列。养植时应放置在通风和光照良好的地方，并稍稍控制浇水的次数。春秋两季是它的生长期，盛夏和严冬是它的休眠期。Graptoveria属植物不喜盛夏的直射阳光，因而最好做遮光处理或是做背阴处理。

Ruge

Graptoveria'Ruge'(*G.amejistinum*× *E. rubromrginata*)

青白色的叶片略带有红色，排列成漂亮的莲座型。但是需要注意的是，如果触碰叶片，或是将水滴到叶片上，叶片上的白粉就会脱落。

decairn锦

Graptoveria'Decairn'f. *variegata*

叶片有少许透明感，带有美丽的斑纹。植株长大后会长出小枝，形成约15cm的树木状。

雪碧

Graptoveria 'Sprite'(*E. pulidonis* × *G.rusbyi*)

雪碧是被称为“小妖精”的杂交品种，你可以看到不同属之间杂交的妙趣。

伽蓝菜属

Kalanchoe

DATA

科名	景天科
原产地	马达加斯加、南非
浇水	春秋两季每周1次，夏季隔周1次，冬季断水处理
根的粗细	细根类
难易度	★★☆☆☆

伽蓝菜属主要分布在非洲、印度及热带美洲地区。该属品种繁多，形状和颜色也独具特色，富于变化。有的叶片尖部带有小的子株，有的会开出美丽的花朵，可让种植者尽享变化的美好。

夏季的养殖重点是放置在通风良好的地方。冬季休眠期要进行断水处理，并放置在室内光照良好的地方。

掌上珠

Kalanchoe gastonis

掌上珠的叶片带有美丽的花纹。仔细观看，你会发现，如同子宝一般，它的叶片边缘有不定芽。

唐印锦

Kalanchoe thyrsiflora f.*variegata*

唐印锦的叶片覆盖有白色的粉末和美丽的“唐印”斑纹。绿色、黄色、红色的三色组合，展现出独特的美好。注意，冬季时要保证其始终处于0摄氏度以上的环境。

黑兔耳

Kalanchoe tomentosa f. *nigromarginatas*

黑兔耳因其叶片形状酷似兔子耳朵而得名。与很早以前就开始栽培的“月兔耳”是同类品种，只不过它的叶片边缘变黑了。

银波锦属

Cotyledon

DATA

科名	景天科
原产地	南非
浇水	春季~秋季每周1次，冬季每月1次
根的粗细	细根类
难易度	★★★☆☆

银波锦属多肉喜欢日照和通风良好的场所，推荐置于室外培育。盛夏时节最好避免阳光直射，进行半日阴养护。在冬季休眠期，虽然需要控水，但不要完全断水，发现叶片缺少弹性了浇水即可。寒冬时需要转移到日照良好的室内。银波锦属不适合进行叶插，可在初春的时候进行芽插。

达摩福娘

Cotyledon pendens

达摩福娘是叶片圆圆的可爱银波锦属多肉植物。茎匍匐生长，可开出大朵的红花。夏季需遮蔽强光，进行半日阴养护。

旭波锦

Cotyledon orbiculata 'Kyokuha-Nishiki'f. *variegata*

叶片边缘没有高低起伏的是"旭波"，有高低起伏的是"旭波锦"，本品种有斑纹，又称"旭波之光"。

熊童子锦

Cotyledon ladismithiensis f.*variegata*

熊童子锦的叶片厚厚的，如同熊掌一般，是多肉植物"熊童子"的带斑纹品种。虽是夏种型，但不耐高温多湿的环境，因此夏季养护需要特别注意。

瓦松属
Orostachys

DATA

科　　名	景天科
原 产 地	日本、中国
浇　　水	春季~秋季每周1次，冬季每月1次
根的粗细	细根类
难 易 度	★★☆☆☆

瓦松属是景天属的近缘品种，原产地为东亚地区。日本的山地或海岸岩场处也分布有黄花万年草、石莲花等，但它们常被当作野草。小小的、可爱的莲座型的叶子是其魅力所在。瓦松属繁殖能力极强、易群生。夏季要进行半日阴养护，需放置在通风良好的地方。

子持莲华
Orostachys boehmeri

子持莲华生长在北海道、青森县等地的山地或海岸的岩场，是极小型的多肉植物。子持莲华利用匍匐茎可分生出很多子株。夏季需放置在通风良好的地方。

仙女杯属
Dudleya

DATA

科　　名	景天科
原 产 地	中美洲
浇　　水	春季~秋季隔周1次，冬季每月1次
根的粗细	细根类
难 易 度	★★☆☆☆

从加利福尼亚半岛到墨西哥地区，共生长有约40种该属多肉植物。野生地多为温带极度干燥的区域，因而它们极不适合日本夏季高温潮湿的气候，养护时要特别注意通风。即使是生长期，也最好进行稍干燥性养护。特别是浇水时需要注意不要淋到肉质叶片。

格诺玛
Dudleya gnoma

格诺玛原产自加利福尼亚半岛，是叶片上带有白粉的多肉植物。为了不让白粉脱落，注意不要用手触碰或淋水。

龙舌兰属

Agave

DATA

科　　名	龙舌兰科
原 产 地	美国南部、中美洲
浇　　水	春季~秋季隔周1次，冬季每月1次
根的粗细	粗根类
难 易 度	★☆☆☆☆

龙舌兰属具有较强的耐寒性，栽种在温暖地区的庭院内，有的甚至可以长到1m以上。耐热性也不错，栽培较容易。最好置于日照良好的地方，进行稍干燥的养护。该属植物的叶片顶端有小刺，品种不同会呈现不同的形态和花纹。春季里会长出子株，可以进行分株繁殖。

王妃雷神锦

Agave isthmensis 'Ouhi-Raijin' f. *variegata*

宽叶是“王妃雷神”的重要特点，而王妃雷神锦是其带有黄色中斑的品种。夏季为了防止灼伤，需要进行遮光处理。冬季需保证室内的温度高于5摄氏度。直径最长可达到15cm。

五色万代

Agave lophantha f. variegata

五色万代带有白色或黄色的美丽花纹，属于中型龙舌兰，在海外享有很高的人气。由于耐寒性较弱，因而需要特别注意冬季的养护。

王妃雷神

Agave isthmensis 'Ouhi-Raijin'

在日本挑选出的王妃雷神是矮性品种的龙舌兰，直径最长可达到15cm。宽叶是其主要特征。“雷神”系列的多肉对寒冷较敏感，冬季的养护需要特别注意。

芦荟属

Aloe

DATA

科　　名	百合科(阿福花亚科)
原 产 地	美国南部
浇　　水	春季~秋季隔周1次，冬季每月1次
根的粗细	粗根类
难 易 度	★☆☆☆☆

庭院中栽种的木立芦荟和芦荟是同类植物，叶片肉厚，富含水分，呈莲座状排列。比较推荐可种在花盆中的小型品种。芦荟属植物的耐热性和耐寒性俱佳，是适合新手的易养多肉。有的品种甚至可在室外过冬，冬季里基本上不需要浇水。可依靠分株或芽插进行繁殖。

旋转芦荟

Aloe polyphylla

旋转芦荟的叶片繁多，紧凑地排列成莲座状，待长大后，叶片旋转排列。原产地为高山等凉爽之地，因而不耐热。但冬季可在室外过冬。

女王锦

Aloe parvula

女王锦是原产于马达加斯加的小型芦荟。凭借褐色的细长叶子大受欢迎。因不耐热，需要特别注意夏季养护。

第可芦荟

Aloe descoingsii

第可芦荟是原产自马达加斯加地区的小型芦荟，叶片长最多只有约2cm。春季可开深红色的花朵。温度保持在0摄氏度以上即可过冬。

沙鱼掌属

Gasteria

DATA

科　　名	百合科（阿福花亚科）
原 产 地	美国南部
浇　　水	春季~秋季每周1次，冬季每3周1次
根的粗细	粗根类
难 易 度	★☆☆☆☆

南非地区周围有大约80种沙鱼掌属多肉植物。厚肉质硬叶互生，呈放射状排列。与十二卷属是近缘属，因而养育方式大致相同，但较之更结实。生长类型属于夏种型。多为全年生长的品种，只需要稍弱的光和充足的水，就能茁壮成长。

卧牛锦

Gasteria pillansii f.variegata

卧牛锦是叶片上带有美丽斑纹的沙鱼掌属多肉，有很多变异类型。叶片的表面比“卧牛”更光滑，体型也更大。

雀舌兰属

Dyckia

DATA

科　　名	凤梨科
原 产 地	南美洲
浇　　水	春季~秋季每周1次，冬季每月1次
根的粗细	粗根类
难 易 度	★★★☆☆

雀舌兰属是生长在南美洲干燥的山区地带的多肉植物。轮廓分明的形状和尖锐的锯齿是其魅力所在。具有极佳的耐热性，有一定的耐寒性，只要进行稍干燥些养护，温度降至0摄氏度也无妨，但要保证充分光照。

Yellow grow

Dyckia brevifolia'Yellow Grow'

Yellow grow是凤梨科的多肉植物。普通的雀舌兰是绿色的，本图所示为中心部是黄色的美丽品种。种植时水分不足了就浇点水，不要过于干燥。

大戟属

Euphorbia

DATA

科　　名	大戟科
原 产 地	非洲、马达加斯加
浇　　水	春季~秋季隔周1次，冬季每月1次
根的粗细	细根类
难 易 度	★☆☆☆☆

为了适应环境，大戟属的造型极具个性，形态和大小多种多样，有的与球状仙人掌类似，有的与柱状仙人掌类似，花朵美丽，富于变化。

大戟属虽是一个品种丰富的大类，但其生长特性大体相同，喜高温和强光。生长期为春季至秋季。只要室外有光照，淋雨也无妨。但是耐寒性稍弱，注意冬季不要将其放置在温度低于5摄氏度的地方。此外，根系较弱，要避免频繁的移栽。生长期内，土壤完全干燥后再充分浇水。可采用芽插的方式繁殖。切口处会流出白色的乳液，如果用手触碰会长疹子，要特别注意。

飞龙

Euphorbia stellata

飞龙是一种块根植物，茎肥硕，储存着大量水分，根部又长又粗。冬季只需要放置在温暖的地方，浇极少的水即可过冬。

红彩阁缀化

Euphorbia enopla f. *cristata*

颇受人们喜欢的“红彩阁”拥有仙人掌似的形态和红色的小刺，图中所示的“红彩阁缀化”是其缀化品种，茎呈扁平的扇形。“红彩阁缀化”习性与“红彩阁”相同，生命力强、好养殖，只要温度在0摄氏度以上即可过冬。

白桦麒麟

Euphorbia mammillaris f.*variegata*

白桦麒麟原产自南非，通体发白，秋冬季节会呈现出淡紫色。冬季需要放置到室内保护起来。

魁伟玉

Euphorbia horrida

魁伟玉是原产自南非南部干燥岩场的大戟属多肉，有多个品种，其中小型白色品种是最具人气的。到了夏季，会开出小小的黄绿色花朵。

白鬼

Euphorbia lactea 'White Ghost'

白鬼是lactea的白化品种。新芽是漂亮的粉色，不久后渐渐染上白色。高约1m，生命力强，冬季只要放置在3~5摄氏度的环境内即可健康生长。

白银珊瑚

Euphorbia leucodendron

白银珊瑚是原产自非洲南部到东部、马达加斯加地区的大戟属多肉植物。茎呈细细的圆柱形，无刺，通过枝头分株长大，到了春季，枝头上会开漂亮的小花。

棒槌草属

Pachypodium

DATA

科　　名	夹竹桃科
原 产 地	南非、马达加斯加
浇　　水	春季~秋季隔周1次，冬季断水处理
根的粗细	细根类
难 易 度	★★☆☆☆

厚叶草属是带有肥硕茎的块根植物。既有茎呈纵向生长的大型植株，也有茎呈浑圆型的植株，各式各样的形态呈现不同的美感。生长期内应放置在光照良好的室外进行培育，冬季则需转移到室内进行断水处理。注意温度不要低于5摄氏度。如果移栽的话最好选择在春季进行。

象牙宫

Pachypodium rosulatum var. *gracilis*

象牙宫是原产自马达加斯加地区的棒槌树的变种，肉质茎上长有很多细刺。高约30cm，到了春季可开黄色的花朵。冬季的时候，气温保持在5摄氏度以上即可过冬。

蒴莲属

Adenia

DATA

科　　名	西番莲科
原 产 地	南非、马达加斯加
浇　　水	春季~秋季隔周1次，冬季断水处理
根的粗细	细根类
难 易 度	★★☆☆☆

蒴莲属的枝干底部有一个筒形的、可储存大量水分的块根。生性皮实易养，但不耐低温，因而冬季为了防止其受冻或是被霜打，最好转移到室内。生长期是春季到秋季的温暖时期，到了气温下降的晚秋，开始落叶，待到第二年温暖的时候会重新萌发新芽。

幻蝶蔓

Adenia glauca

幻蝶蔓原产自南非岩石较多的稀树草原。春天，茎的顶端会长出枝蔓，每个节点多长有5片叶子。秋季，叶子会飘落。冬季，只要温度保证在8摄氏度以上即可。

Cylindrophyllum属

Cylindrophyllum

DATA

科　　名	番杏科
原 产 地	南非
浇　　水	春季~秋季每周2~3次，冬季每月1~2次
根的粗细	细根类
难 易 度	★☆☆☆☆

Cylindrophyllum属产自南非开普敦西南部，已知品种有5个，是和龙头海棠相近的多肉植物。虽和肉锥花属、生石花属同属于番杏科，但由于它耐暑性较强，属于“夏种型”。春季到秋季，放置在屋外避雨的地方就可健康生长。

秋鉾

Cylindrophyllum tugwelliae

秋鉾有数个直径约1cm的棒状叶，会开出直径约5cm的粉色美丽花朵。夏季应放置在通风良好的地方，进行稍干燥的养护。

露子花属

Derosperma

DATA

科　　名	番杏科
原 产 地	南非
浇　　水	春季~秋季每周2~3次，冬季每月1~2次
根的粗细	细根类
难 易 度	★☆☆☆☆

露子花属是日中花属的近缘多肉植物。生性皮实，哪怕是露天种植，无需过多照顾也能生长，可作为地被植物，如果条件充分，可全年开花。因为耐寒性强，又称“耐寒性日中花属”。

Delosperma sphalmantoides

Delosperma sphalmantoides

Delosperma sphalmantoides由很多个小棒状的叶片群生构成，冬季可开出美丽的粉色花朵。夏季应放置在通风良好的地方，进行稍干燥的养护。

剑龙角属

Huernia

DATA

科　名	萝藦科
原产地	南非～阿拉伯半岛
浇　水	春季～秋季隔周1次，冬季每月1次
根的粗细	细根类
难易度	★★☆☆☆

剑龙角属是生长在南非到埃塞俄比亚、阿拉伯半岛的干燥地带的萝藦科多肉植物。粗壮的茎与大戟属相似，但不同的是，它的茎上不会生出叶片。

从春季到秋季，会断断续续地开花。花朵有5片厚厚的花瓣，从茎上直接长出来。对于萝藦科植物来说，苍蝇等昆虫是花粉传播的媒介，为了吸引苍蝇，它们多释放出难闻的气体，但剑龙角属的多肉植物除外。

即使是很少的光照也能良好生长，因而也适合在室内栽培。夏季最好避免阳光直射，在通风良好的地方进行半日阴养护。炎热的时候根部容易腐烂，最好少浇水。

冬季需要转移到室内过冬。

斑马萝藦
Huernia zebrina

斑马萝藦的柱状茎呈4～7角形，无叶片。可开出直径2～3cm的五角形花朵。栽培并不难。培育时注意减弱光照。

蛾角
Huernia brevirostris

蛾角原产自南非的开普敦。高约5cm，茎密生。夏季可开出黄色的5瓣花，花上密布着小小的斑点。

丽钟角属

Stapelianthus

DATA

科　　名	萝摩科
原 产 地	马达加斯加
浇　　水	春季~秋季隔周1次，冬季每月1次
根的粗细	细根类
难 易 度	★★☆☆☆

丽钟角属产自马达加斯加地区，通体带有灰色的毛，肉质茎呈圆筒形，粗约1cm。需放置在光照和通风良好的地方养护。冬季需转移至室内，并控制浇水量。

毛绒角

Stapelianthus pilosus

毛绒角的肉质茎覆着白色绒毛，可长至3~4cm高。夏季会开出淡黄色的美丽花朵。冬季尽可能保证温度不低于5摄氏度，并控制浇水量。

吊灯花属

Ceropegia

DATA

科　　名	萝摩科
原 产 地	南非、热带亚洲地区
浇　　水	春季~秋季每周1~2次，冬季每月1~2次
根的粗细	细根类
难 易 度	★★☆☆☆

吊灯花属虽与剑龙角属、丽钟角属同属于萝摩科，但嫩茎呈攀援状伸长，多肉质状叶片。夏季，开小小的壶状花朵。我们熟悉的观叶植物吊灯花就是这类植物。

吊灯花

Ceropegia woodii

吊灯花是大家熟悉的观叶植物，它有着心形的叶片。细茎呈攀援状延伸，可利用吊盆进行养殖。冬季，需转移到室内，即防冻的场所。

仙人掌属

Cuctus

DATA

科　　名	仙人掌科
原 产 地	南北美洲
浇　　水	春秋两季每周1次，夏冬两季每月1~2次
根的粗细	细根类
难 易 度	★☆☆☆☆

“仙人掌”是生长在南北美洲，是大约120属、2500多个品种的总称。代表性的多肉植物有圆茎的“仙人球类”；柱状的“仙人柱类”；扁平形的“团扇仙人掌类”和“叶型仙人掌类”。

仙人掌科有非常多的类型，且形态千变万化。培育方法大致相同，重点是全年需良好光照，少量浇水，避免潮湿。耐寒性也各有不同。虽然花座球属、星球属的“兜”不耐寒，但有的品种却可在屋外过冬。生长期虽然是从春季到秋季，但只要冬季移入温室加温，依然能够持续生长。可采用分株的方式进行繁殖，但更推荐撒种的方式。

大凤玉

Astrophytum capricorne var. *crassispinum*

大凤玉是“瑞凤玉”的变种，白色的长刺环绕在绿色肌体之外，别具风情。

星兜

Astrophytum asterias

星兜产自美国得克萨斯州南部至墨西哥的区域。棱角的数量、白色斑点的大小等变化很多，因而拥有很多变种。花期是3~10月。冬季需保证温度高于5摄氏度。

碧琉璃鸾凤玉锦

Astrophytum myriostigma var. *nudum* f. *variegata*

碧琉璃鸾凤玉锦是“碧琉璃鸾凤玉”带黄斑的品种。由于没有白色斑点，绿色肌体上的黄斑清晰可见。

紫太阳

Ferocactus gatesii

紫太阳原产自墨西哥。作为“太阳”的亚种，紫色的小刺是其主要特点。如果给予充分的光照，紫色会愈加美丽。花期是早春。

龙鹏玉

Echinocereus pectinatus ssp. *purpleus*

龙鹏玉拥有清晰可见的美丽硬刺，刚长出的小刺呈现美丽的红色，非常有观赏价值。

丽光丸

Echinocereus reichenbachii

原产自美国的得克萨斯州、俄克拉何马州和墨西哥。春季可开绚丽的紫红色花朵，花朵直径约6~7cm。喜光照和通风。具有极强的耐寒性。

月世界

Epithelantha micromeris

月世界原产自美国的得克萨斯州及墨西哥北部。通体的白色小刺最具魅力，一定要注意避雨，防止污染。春季会开出粉色花朵。耐寒性一般。

大龙冠

Echinocactus polycephalus

大龙冠是产自美国的中型金琥属。又硬又长的刺是主要特点。生长缓慢，如想通过实生培育出5cm左右的植株，大约需要10年。栽培相对较难。

赛尔西刺翁柱

Oreocereus celsianus

赛尔西刺翁柱是原产自阿根廷及玻利维亚南部的高山性仙人柱。长刺和白毛是其主要特点。最好放置在光照和通风良好的地方养殖。极易被晒伤，因而需要特别注意。

碧岩玉

Gymnocalycium hybopleurum var. *ferosior*

裸萼球属是分布在南美洲的小型仙人球类，具有多个品种。相对来说，即便光照不是十分充分，也可以很好的生长，因而颇具人气。碧岩玉因硬而粗的刺儿受人们的喜爱。

一本刺

Gymnocalycium vatteri

一本刺是分布在阿根廷的裸萼球属多肉植物，通常，一个刺座上有3根刺。本图所示的是每个刺座长1根刺的类型。春季到初夏，可开白色的花朵。

良宽

Gymnocalycium chiquitanum

良宽是产自玻利维亚的裸萼球属多肉植物。肌体呈淡绿色，可开粉色的花朵。养殖的秘诀在于长时间保持散射光，适度浇水不令其过于干燥。

菊水

Strombocactus disciformis

菊水是一属一种(即菊水属唯一的独苗)的独特小型仙人掌。生长极为缓慢，长至图中样子(直径约5cm)大约需要10年以上。

黄刺朝日丸

Mammillaria nivosa

乳突球属原产自墨西哥地区，共有400种，是结实易养的小型仙人球类。本图所示为“朝日丸”的变种，黄色的卷刺是其魅力所在。

魔美丸

Mammillaria magallanii

魔美丸是被淡粉色小刺包围的小型乳突球属多肉植物。经常可以分出子株变成造型漂亮的群生株。开出的白色花朵上带有粉色的条纹。

松霞

Mammillaria prolifera

松霞是自古有之的一种仙人掌。耐寒性极强，在关东以西的地方便可在室外过冬。开花后，可以结出红色的果实，别具风情。

白星

Mammillaria plumose

白星是分布在墨西哥的乳突属多肉植物。通体覆盖着如雪般白色的小毛，美丽至极。为了不污染绵毛，不要从上面向下淋水。

姬春星

Mammillaria humboldtii var.*caespitosa*

姬春星可以分出多个子株，群生成穹顶状。到了春季，可开出绚丽的红紫色花朵。需充分日照，图中所示的植株有约10cm高。

白鸟

Mammillaria herrerae

白鸟是分布在墨西哥的乳突属多肉植物。白而细腻的小刺为其增添了无法言表的美妙。可从底部分出子株进行繁殖。虽与“春星”相似，但花朵更大，雄蕊呈美丽的绿色。

阳炎

Mammillaria pennispinosa

阳炎是分布在墨西哥的乳突属多肉植物。通体有美丽的红色小刺和白色细毛。触碰后会掉刺和毛，需要特别注意。因栽培困难而被人们所熟知。

花笼

Aztekium ritteri

花笼曾被认为是一属一种，但最近人们发现同属还有欣顿花笼、薄叶花笼。花笼属于超小型多肉，生长缓慢，进口的植株基本都为嫁接植株。

黑牡丹

Ariocarpus kotschoubeyanus

黑牡丹是分布在墨西哥的奇特仙人掌植物。如同多肉植物龙舌兰一般，有多个三角形突起。生长期内喜好高温和光照。

【冬种型】的培育方式

3~5月的养护方法

3~5月是很多物种的生长繁盛期，它们在此期间开花。这段期间内，最好将多肉转移至室外，令其充分接受光照。但不要一下子暴露在直射的阳光下。最好选在多云的日子外移，慢慢让它习惯外面的阳光。如果夜间的温度降至0摄氏度左右，则需移到室内过夜。

第一次浇水一定要浇透，以水能从花盆底部流出为易。接下来再浇水，需待土壤表面干燥2~3天后进行。根据花盆大小、放置场所的不同，浇水间隔会有些差别，但大致保持每周浇水1次。

气温变高后，生石花等表面会干枯。肉锥花等的叶片会失去弹性、出现褶皱。但是，无需担心，这些都是植物过夏的准备，千万别火急火燎地忙着浇水。此外，生石花属多肉等在夏季前还会出现蜕皮。而肉锥花属多肉则会披着干枯的皮直至秋季。

6~8月的养护方法

生石花属、肉锥花属多肉最不喜日本的酷暑。如果在夏季内浇水，很容易烂根，因而夏季可采取断水强制休眠的处理方式。6~8月3个月期间完全不浇水。虽然肉锥花属会出现表面干枯的情况，但无需担心。需要注意的是，极小的植株如果过于干燥的话，可能会枯死，因而需要每月1次以喷雾的形式让土壤表面微微湿润即可。

冬种型中也有莲花掌属和长生草属等叶片呈莲座型的品种。它们虽然夏季里也需要控制浇水量，但由于不耐旱，每个月需浇水1次，令土壤微微湿润。

最适合放置在避雨的阴凉的避光处。通风也非常重要。此外，还要特别注意雷雨、台风等天气，防止烂根。

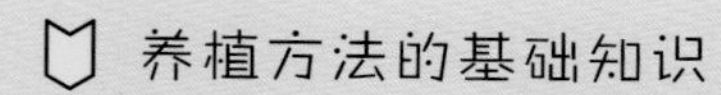

养植方法的基础知识

冬种型的植物秋季~春季生长，夏季休眠。高温期内过湿的话，很容易腐烂枯萎，需要多注意。完全断水是个不错的处理方法，但也有些品种过于干燥的话会干枯。因而控制夏季的浇水量是栽培的重点。

9~11月的养护方法

这个季节的早晚较凉爽，日照也相对柔和，可以将放在背光处的植株移到阳光下，接受充分的光照。此时也可以开始浇水了。浇水频率同春季，每周1次。此时，枯萎的生石花属等会重新变得水灵灵，春季未蜕皮的肉锥花属多肉也将蜕皮、萌发新芽。莲花掌属和长生草属等也开始生长。春季未开花的植株也将迎来开花期。有很多品种在秋冬季节叶片会变红。

移栽、分株、芽插都可在这个期间进行。

冬种型多肉的施肥最好在秋季进行。可采用比规定浓度稍低的肥液，以每月1次的频率进行施肥。

12~2月的养护方法

有很多品种即使放置在室外也能健康地生长，但如果不了解其耐寒性，放在室内最安全。进入12月，可将其移往室内，放置在明亮的窗边，尽可能享受充分日照。注意避免放置位置离暖气过近，或被空调直吹。最好每天时常开窗通风。基本上这些品种在正常温度下都能健康生长。

虽然叫做“冬种型”，冬季里生长速度还是会放缓。土壤如果比较干燥的话，也会减慢生长速度。需注意的是，带暖气的室内湿度会比较低，土壤干燥的速度可能会比较快，养殖时要勤于观察，及时浇水。

肉锥花属和莲花掌属多肉在这个期间如果有充足的水分，就会变得水灵灵的，异常娇美，但也有可能因吸水过多而涨破。此外，如果日照不够充分或浇水过多也可能会导致二次蜕皮。

莲花掌属

Aeonium

DATA

科　名	景天科
原 产 地	加那利群岛、南非等
浇　水	秋季~春季每周1次，夏季每月1次
根的粗细	细根类
难 易 度	★★☆☆☆

密生重叠的莲座状叶片是莲花掌属的主要特点。多灌木状植株，置于光照良好的地方，可长得很大。不喜极端高温潮湿或低温的环境。夏季最好置于通风良好、凉爽的地方，冬季放在光照充分的窗边养殖。冬季里如果光照不足会出现徒长，破坏造型。此时可将徒长的植株剪下来做芽插。

世之露

Aeonium dodrantale

夏季时叶片关闭休眠，秋季时叶片重新打开。由于会产生大量的腋芽，因而可将之剪下进行繁殖。从1995年起被划归为山地玫瑰属多肉植物。

小人祭

Aeonium sedifolium

小人祭的枝干群生，长有很多1cm左右的多肉质叶片。叶片在红叶期可变成黄色。冬季应转移到室内明亮的地方。

黑法师锦

Aeonium rubrolineatum

黑法师锦的深紫色叶片上有漂亮的锦斑，这是自然斑，而非突然变异斑。生长时期，茎是挺立的。

光源氏
Aeonium percarneum

光源氏是拟石莲花属多肉植物，美丽的粉色叶片上披着白粉。生长期内，茎如树干状挺立，会开出很多漂亮的粉色花朵。

紫羊毛
Aeonium'Velour'

紫羊毛是耐热性强又易养的杂交品种(黑法师&香炉盘)。从植株底部可长出很多子株，因而到了冬季可利用芽插进行繁殖。又名“血法师”。

瓦莲
Rosularia

DATA

科　　名	景天科
原 产 地	北非~亚洲内陆地区
浇　　水	秋季~春季每周1次，夏季每月1次
根的粗细	细根类
难 易 度	★★☆☆☆

从北非到亚洲内陆地区共有大约40个品种，习性同长生草属，因而栽培重点也大致相同。瓦莲属生命力比较强，具有较强的耐寒和耐热性。夏季可少浇些水，放在背阴处。繁殖力较强，因而很容易群生。

卵叶瓦莲
Rosularia platyphylla

卵叶瓦莲是原产自喜马拉雅地区的小型多肉植物。叶片小而多毛。可干燥度夏，如果给予充分光照，叶片会变红。

长生草属

Sempervivum

DATA

科　　名	景天科
原 产 地	欧洲中南部的山地
浇　　水	秋季～春季每周1次，夏季每月1次
根的粗细	细根类
难 易 度	★★☆☆☆

长生草属从很早以前就在欧洲极具人气的莲座型多肉植物。有很多收藏家专门收集这一属的多肉进行栽培。由于易杂交，因而产生了大量的园艺品种。从小型品种到大型品种，我们可以尽享颜色、造型的变化之美。

长生草属是极耐寒的冬种型多肉。从欧洲到高加索、俄罗斯中央的山地，共有约40种原种。由于原产自低温的山地地区，因而强耐寒性是其一大特点。在日本的室外也可以过冬。但对高温潮湿极其敏感，因而要特别注意梅雨季节的养护。最好放置在日照和通风良好的地方。夏季里需转移到背光的地方，完全断水是一个好办法。移栽的最佳时间是初春。由于可利用匍匐茎进行子株繁殖，因而最好在直径较大的花盆进行扩种。此外还可以利用剪切子株栽种的方式进行简单繁殖。

绫椿

Sempervivum'Ayatsubaki'

绫椿是叶片紧密排列的小型长生草多肉。绿色的叶片顶端染成了红色，很是漂亮。随着生长，会在植株底部长出子株，形成群生。

红夕月

Sempervivum'Commancler'

红夕月是有着红铜色叶片的美丽品种，到了冬季，叶子的颜色异常美丽。图中所示直径约为5cm，可产生大量子株而群生。是比较耐热、生命力较强的植株。

圣女贞德

Sempervivum'Jeanne d'Arc'

圣女贞德是绿褐色的中型多肉品种，入冬，中心部会变成酒红色。素朴的叶片颜色最适合古色古香的赤陶花盆。

覆盆子刨冰

Sempervivum'Raspberry Ice'

覆盆子刨冰是大型的长生草属多肉植物，叶片上密布这小小的绒毛。夏季里叶片呈绿色，入冬，则会变成深紫红色。

大红卷绢

Sempervivum 'Ohbenimakiginu'

大红卷绢是大型的长生草属多肉植物，叶片顶部带有白色的绒毛。夏季应避免阳光直射，放置在通风良好的明亮背阴处，尽可能地保持凉爽。

瞪羚缀化

Sempervivum'Gazelle'f. *cristata*

瞪羚缀化是“瞪羚”实生而成的缀化品种。生长点发生变异，横向生长。红色和绿色的叶片交错而生，养护方法同“瞪羚”。

草胡椒属

Peperomia

DATA

科　　名	胡椒科
原 产 地	南美洲
浇　　水	春秋两季每周1次，冬季隔周1次，夏季每月1次
根的粗细	细根类
难 易 度	★★★☆☆

南美洲有很多大家熟知的草胡椒属多肉植物。由于不耐闷热的气候，一般作为“冬种型”进行养护。夏季里需置于通风良好的背光处，浇极少量的水。春季和秋季是生长期，可大量浇水并施肥。耐寒性也不强，冬季里需转移到有光照的室内。

Peperomia cookiana

Peperomia cookiana

Peperomia cookiana是长有圆圆的小叶的草胡椒属多肉植物。长高后会自然倒下，呈灌木丛状。

Peperomia wolfgang-krahnii

Peperomia wolfgangkrahnii

Peperomia wolfgang-krahnii是带有锯齿状小叶片的独特草胡椒属多肉植物。对夏季的热、冬季的冷都十分敏感，属于较难养的多肉。

Peperomia Rubella

Peperomia rubella

Peperomia Rubella是小型草胡椒属多肉植物，小小的叶片背面是红色的，连同嫩茎也是红色的，很是可爱。可长出很多的小枝，匍匐如地毯般。

Peperomia nivalis
Peperomia nivalis

Peperomia nivalis是原产自秘鲁的草胡椒属多肉植物。厚厚的叶片呈半透明状，稍一触碰还能散发出清香。夏季需进行半日阴养护，冬季温度需保持在5度以上。

Peperomia farroyae
Peperomia farroyae

Peperomia farroyae是较大型的、树木性草胡椒属多肉植物。可长出多个枝干，形成高约30cm的树木型植株。

厚敦菊
Othonna

DATA

科　　名	菊科
原 产 地	南非
浇　　水	秋季~春季每周1次，夏季每月1次
根的粗细	细根类
难 易 度	★★★☆☆

厚敦菊属植物多为茎部呈块状的“块根植物”。秋冬季节，可开出美丽的花朵。夏季多数品种会完全落叶进入休眠，因而可以完全断水放置于凉爽的背阴处。但我们常见的黄花新月属于特例，没有块跟茎，夏季里也不落叶。

紫月
Othonna capensis 'Rubby Necklace'

紫月与绿之铃 同属菊科，因叶片呈红色而得名。所开黄色花朵非常漂亮。在关东地区的室外也可过冬。

生石花属

Lithops

DATA

科　名	番杏科
原产地	南非
浇　水	秋季~春季隔周1次，夏季断水处理
根的粗细	细根类
难易度	★★★★☆

生石花属被人们称作“有生命的宝石”，是番杏科多肉植物。茎叶合体、成对出现是其重要特点。为了防止成为动物的食物，它们演化成类似石头的造型。顶部有带花纹的小窗，可以接受阳光。颜色有红、绿、黄，多种多样，花纹各异。具有很高的观赏性和收藏性。

生长期是秋季到春季，夏季休眠。由于特别喜光，因而最好放置在光照和通风良好的地方。夏季可采用遮光的半日阴处理、注意保持凉爽和断水。虽然表面弹性会下降，但仍建议最好断水至秋季。在春季或秋季的时候，生石花属多肉会形成新芽，发生蜕皮现象。即便是在冬季的生长期，如果浇水过多也会发生腐烂，因而最好进行偏干燥的养护。

红大内玉

Lithops optica f.'Rubra'

红大内玉是生长在纳米比亚地区的“optica”的变种，通体呈紫红色。小窗部分没有花纹，开白色花朵，尖端呈粉色。

金伯利

Lithops lesliei f. (Kimberly form)

紫勋有很多种，但主要分为6大类。本图所示的多肉植物因产自金伯利而得名，小窗处有细小的花纹。

碧琉璃

Lithops terricolor'Prince Albert form'

碧琉璃是生石花属多肉植物，小窗上有细小的花纹。到了秋季，可开出艳丽的黄色花朵。

红花轮玉

Lithops hookeri var.marginata 'Red-Brown form'

红花轮玉是通体呈红褐色的生石花属多肉植物。是小窗上有褶皱的品种。到了秋季，可开出美丽的黄色花朵。

紫李夫人

Lithops salicola 'Bacchus'

紫李夫人又称“Bacchus“，通体呈紫色的美丽品种。特别是上面的小窗，尤为漂亮。到了秋季，可开出清丽的白色花朵。

瑞光玉

Lithops dendritica

小窗部分有树枝样的花纹。生石花多在秋季开花，但本品种多在春季或是夏季开花。

圣典玉
Lithops framesii

圣典玉的小窗部分上花纹较少、有透明感。秋季冬季是绿色的，春季夏季呈红色。花为白色、雄蕊呈现出黄色，异常醒目。

福来玉
Lithops fulleri

福来玉是小窗部分有裂纹模样的生石花属多肉。秋季可以开出白色花朵。红色的是“红福来玉”，茶色的是“茶福来玉”。

红橄榄玉
Lithops olivacea var. *nebrownii*'Red Olive'

红橄榄玉是有着美丽瑰红色的生石花属多肉。小窗的部分花纹较少，有透明感。

神笛玉
Lithops dinteri

神笛玉是原产于纳米比亚的生石花属多肉，秋季可开出鲜艳的黄色花朵。其主要特点是小窗部分有红色的花纹，有很多种不同类型。

风铃玉属

Ophthalmophyllum

DATA

科　　名	番杏科
原 产 地	南非
浇　　水	秋季～春季隔周1次，夏季断水处理
根的粗细	细根类
难 易 度	★★★★★

风铃玉属是小型球状番杏科多肉植物，植株呈对状圆筒形。顶部有膨胀的通明小窗。夏季是休眠期，需采用断水处理和凉爽的半日阴养护，避免阳光直射。风铃玉属分球较少，很难形成群生。繁殖基本依靠实生。根据最近的分类，多被划分为肉锥花属。

Ophthalmophyllum longm

Ophthalmophyllum longm

带有透明小窗的美丽品种，秋冬季节可以开出白色或淡粉色的小花。需要控制浇水量，即使是在生长期，浇水过多也会造成植株涨破。

风铃玉

Ophthalmophyllum friedrichiae

风铃玉很早便被人们所熟知，鲜艳的红褐色更是引人注目。顶端有膨胀，形成较大的小窗。需要特别注意盛夏的日照和通风。

秀玲玉

Ophthalmophyllum schlechiteri

秋季会开出淡淡的粉色花朵，与“风铃玉”类似，都是带有透明小窗的美丽品种。养护方法也相同，夏季需要断水休眠。

肉锥花属

Conophytum

DATA

科　　名	番杏科
原 产 地	南非
浇　　水	秋季~春季每1~2周1次，夏季断水处理
根的粗细	细根类
难 易 度	★★★★★

肉锥花属是番杏科的代表性植物，植株多样，品种丰富。既有富于变化的叶子形态，又有绚丽的色彩，美丽的花朵。两枚球形叶片合二为一甚是讨喜、惹人爱。叶子的形态又分为圆形、日式袜形、工字形、鞍形等。叶片颜色、透明度、花纹样式，根据物种不同各有千秋，充分激发人们的收藏欲。

生长期是秋季到春季。夏季休眠，初秋蜕皮分球。基本上都在5月份的时候叶片失去弹性，做蜕皮的准备。生长期内要充分给予光照，每1~2周要浇透1次。休眠期要将其转移到通风良好的背阴处。从初夏开始要一点点控制浇水量，逐渐在夏季进行断水处理。移栽应选在初秋，每2~3年进行1次。进行芽插的时候，要稍稍留一点根部，待2~3日切口完全干燥后再插入土中。

红潮

Conophytum 'Beni no Sio'

绿色剪刀形的肉锥花属多肉植物。冬季内会在日间开出橙黄色的美丽花朵。从秋季到春季，需要放在光照良好的地方进行养殖。

翼

Conophytum herreanthus ssp. Rex

生长在南非岩场的肉锥花属多肉植物。花朵在日间开放，散发出阵阵幽香。可以算作肉锥花属中的特例。

花水车

Conophytum'Hana-Suisha'

可以绽放出紫红色花朵的肉锥花属杂交品种。日间开花，花瓣扭曲盘旋。

花园

Conophytum'Hanazono'

实生品系。图中所示为多种“花园”中的一种，鲜艳的花色是其魅力所在。原本的“花园”在开花初期到中期不会呈现出黄色，但本品种展现的却是黄色的花朵。

静御前

Conophytum'Shizuka-gozen'

圆乎乎的鞍形肉锥花属多肉植物。日间开花，花朵为紫白相间的美丽大朵花。花瓣细，花朵大的花型是其代表品种。

圆空

Conophytum ×marnierianumu

圆乎乎的剪刀形的小型杂交种(C.ectypum*C.bilobum)。平时花朵为橙红色，照片中为深红色的类型。

寂光

Conophytum furtescens

寂光是原产于南非的岩石斜面、灰绿色的剪刀形肉锥花属多肉植物。花期较早，6~7月开橙色花朵。

肉锥

Conophytum khamiesbergensis

肉锥是有圆润感的肉锥花属多肉植物。多分头，形成屋顶状群生。冬季开粉色花朵。也被称为“京稚儿”。

布朗尼

Conophytum ectipum var. *brownie*

布朗尼是桶状小型肉锥花属多肉植物。多分头群生，秋季开粉色花朵。基本上需要夏季断水处理，但要注意，过于干燥的话也会枯萎。

爱泉

Conophytum'Aisen'

爱泉是日本袜状小型肉锥花属多肉植物。日间开花，冬季开黄色花朵。

黄金之波

Conophytum'Kogane-no-Nami'

黄金之波是高约6cm的大型剪刀状肉锥花属多肉植物。顶端分为三个小叉。绿色叶子的边缘部分呈红色。夏季和秋季开橙色的花。

小平次

Conophytum'Koheiji'

小平次是小型筒形肉锥花属多肉植物。表面布满细小的斑点。冬季的夜里，小小的花瓣会悄然开放，并伴随阵阵幽香。

银世界

Conophytum'Ginsekai'

银世界是大型剪刀状肉锥花属多肉植物。白色的花朵大而有光泽、日间开花，很有观赏价值。

安珍

Conophytum wittebergense

安珍是小型筒形肉锥花属多肉植物，叶片表面布满奇妙的花纹，非常有趣。夜间开花，秋冬季里，细条状白色花瓣会静静地绽放。

コノフィツム MEMO

不可思议的球体

美丽的祖母绿色的灯泡。

灯泡

Conophytum burgeri

肉锥花属多肉凭借有趣的形状和质感深受人们的喜爱，而其中最具人气的是有着不可思议的造型的“灯泡”。圆滚滚的球体带有透明感，宛如宝石一般。祖母绿的球体，随着温度的上升会变成红色。虽然有些难养，但当你习惯养殖多肉后，建议尝试一下。

到了春天，随着休眠期的临近，颜色也逐渐变红。如果未变红则是由于光照不足。

养殖重点

1 夏季到初秋是生长期

灯泡原产自南非~纳米比亚的干燥地带。该地区5~6月最为干燥、夏季末进入雨季。因而在5~6月时要断水处理，7~9月给予少量的水分令其生长。注意，灯泡耐旱性不强，因而放置在通风良好的地方非常重要。

2 尽可能得长时间给予光照

灯泡喜光。如果光照不足会导致软弱不坚挺、易腐烂。因而全年尽可能得地给予长时间光照。但是夏季的直射阳光过强，最好遮掉30%。

3 冬季不要令其生长过猛

顺利的话，球体会越来越大，直至直径到达3cm。但如果长得过大，很容易发生腐烂。因而生长期的秋季冬季里，尽量少浇点水，不要让其生长过速。

4 通过实生进行繁殖

即便是非常精心地养护，也很难令其存活数年。需要利用实生培育新的植株。由于灯泡不会利用分头进行繁殖，因而只能通过撒种进行培育。秋季开花结果后，将种子播撒到细砂中，直至发芽为止都不要让其干燥。顺利的话，一年可以直接长到5mm。

覆盆花属
Oscularia

DATA

科　名	番杏科
原产地	南非
浇　水	秋季~春季每周1次，夏季每月2次
根的粗细	细根类
难易度	★☆☆☆☆

覆盆花属是南非开普半岛上的野生品种。因其皮实且花朵美丽，人们很早就开始养殖"白凤菊""琴爪菊"等。茎挺立呈矮树状、三棱形的多肉质叶片对生。虽被划分为"冬种型"，但也有耐暑的"夏种型"品种。

白凤菊
Oscularia pedunculata

厚实的叶片上披白粉很美丽，花朵同其他番杏科。春季开粉色的美丽花朵。由于茎很容易过长，因而最好掐尖令其生长出侧枝。

舌叶花属
Glottiphyllum

DATA

科　名	番杏科
原产地	南非
浇　水	秋季~春季每周1次，夏季每月1次
根的粗细	细根类
难易度	★☆☆☆☆

南非大约有60种该属多肉植物。厚实的叶片多呈三棱形或舌形，开黄色花朵。在冬种型番杏科植株里，舌叶花属是比较好养的，夏季耐热，温暖的地区还可在室外过冬。结实且很好繁殖。

Glottiphyllum oligocarpum
Glottiphyllum oligocarpum

圆圆的叶子非常可爱，如果日照良好的话，通体布满白粉，开大朵的黄色花。生命力强，可全年在室外栽培。

棒叶花属

Fenestraria

DATA

科　　名	番杏科
原 产 地	南非
浇　　水	秋季~春季隔周1次，夏季断水处理
根的粗细	细根类
难 易 度	★★★★☆

棒叶花属拥有圆柱形的叶片，在野生环境中只有顶端的小窗露出地面，其他部分都潜在土壤中。过湿的话容易腐烂。对高温潮湿的环境特别敏感，注意夏季完全断水并防止被雨水淋湿。即便是处于秋季到春季的生长期，也要置于通风良好的地方并控制浇水量。

五十铃玉

Fenestraria aurantiaca

日照不佳或是浇水过多都会导致圆柱形的叶片徒长、易腐。充分光照可使其健壮成长。秋冬季节开黄色花朵。

驼峰花属/藻玲玉属/宝锭草属

Gibbaeum

DATA

科　　名	番杏科
原 产 地	南非
浇　　水	秋季~春季隔周1次，夏季断水处理
根的粗细	细根类
难 易 度	★★☆☆☆

该属有大约20个品种，叶片有球形和细长的。一对叶片的中间会深深开裂，从中萌发新芽。在较难培育的“冬种型”多肉中，算是比较好养的品种。但也不能掉以轻心，夏季必须断水令其休眠。很容易分头、繁殖起来较容易。

无比玉

Gibbaeum dispar

绿色的无比玉表面有许多绒毛，看起来如披了白粉一般，很是漂亮。秋冬季节开粉色花朵。

虎纹草属

Faucaria

DATA

科　　名	番杏科
原 产 地	南非
浇　　水	秋季～春季每周1次，夏季断水处理
根的粗细	细根类
难 易 度	★☆☆☆☆

绿叶上有很多锯齿状的小刺。属于比较容易栽培的品种，但不耐高温潮湿的环境，因而夏季断水或只浇极少的水是养殖重点。原产地的气候比较温暖，所以冬季最好移至室内养殖。

岩波

Faucaria cv. IWANONAMI

带有小刺的三角形叶片交错重叠，造型很有趣。秋冬季节开大朵的黄花。

照怒波属

Bergeranthus

DATA

科　　名	番杏科
原 产 地	南非
浇　　水	秋季～春季每周1次，夏季断水处理
根的粗细	细根类
难 易 度	★☆☆☆☆

照怒波属有三棱形的叶片，是生命力较强的多肉植物。在南非有大约10种的原种。夏季需要控水进行稍干燥的养护，但稍稍淋雨也并无大碍。在除寒冷地区的室外也可过冬。雨水较少的地区，室外的庭院中也可养殖。

照波（三时草）

Bergeranthus multiceps

最常见的照怒波属多肉便是照波。因常在午后3点左右开花，又名“三时草”。属于非常皮实好养的品种。

白浪蟹属

Braunsia

DATA

科　　名	番杏科
原 产 地	南非
浇　　水	秋季~春季每周1次，夏季每月1次
根的粗细	细根类
难 易 度	★★★☆☆

南非地区有很多野生品种。嫩茎或挺立或匍匐，多肉质叶片，冬季、早春时节开粉色花朵。夏季最好放置在通风良好的地方，避免强光照射。冬季温度需保持在0摄氏度以上。也有人认为该属属于刺番杏属。

碧鱼莲

Braunsia maximiliani

碧鱼莲因小型叶片像鱼的形状而得名。茎长约15cm，横向生长。冬季、初春时节开粉花，直径约2cm。

Schwantesia属

Schwantesia

DATA

科　　名	番杏科
原 产 地	南非
浇　　水	秋季~春季隔周1次，夏季断水处理
根的粗细	细根类
难 易 度	★★★☆☆

Schwantesia属是一个小属，在南非大约有10个品种。它的主要特点是叶片白而硬。不耐高温潮湿的环境，而且生长缓慢，属于较难养的品种。夏季必须完全断水才能安全存活。即便是生长期也不能浇水过多，否则可能会涨破表皮。

Schwantesia pillansii

Schwantesia pillansii

从根部可以分生出多片三棱形的叶片，秋季到春季，会开出漂亮的黄色花朵。随着气温的上升，部分叶片会微微变红。

对叶花属

Pleiospilos

DATA

科　　名	番杏科
原 产 地	南非
浇　　水	秋季~春季隔周1次，夏季断水处理
根的粗细	细根类
难 易 度	★★★★★

球形的番杏科多肉植物由胖乎乎的圆叶子构成，它的主要特征是叶片上有暗紫色的细点。要想使它的叶片更加肥大，在春季和秋季的生长期内给予充足的光照非常重要。生长期内如果光照不足，可能会影响其生长及开花。盛夏时需移至通风好且温度较低的地方。

帝玉

Pleiospilos nelii'Teigyoku'

帝玉是番杏科中较大型的多肉植物，直径达5cm。外形类似石头。耐寒、耐热，冬季可在室外存活。养护重点是给予尽可能多的光照。

鳞芹属

Bulbine

DATA

科　　名	百合科
原 产 地	南非
浇　　水	秋季~春季隔周1次，夏季断水处理
根的粗细	细根类
难 易 度	★★★★☆

鳞芹属有很多种类，最常见的要数玉翡翠。有柔软的肉质叶片，土壤下面有粗粗的块根。秋季可长出绿色的叶子，叶片有透明的小窗。耐热性非常差，初夏时叶片就会完全消失，需断水休眠。

玉翡翠

Bulbine mesembryanthoides

美丽的玉翡翠原产自非洲，软乎乎的叶片有着不可思议的质感。叶片根据个体不同，有圆的也有细长的，让我们一起寻找喜欢的品种吧！

【春秋种型】的培育方式

3～5月的养护方法

多数的植株在这个时间开始生长。最好将其放置在光线和通风条件良好的屋檐下。但是十二卷的植物多在岩阴处群生，因而适合在明亮的半日阴条件下养殖。

花盆表面土壤干燥后2～3天，待花盆内充分干燥后再浇水。根据花盆大小、放置场所的不同，浇水间隔会有些差别，大致保持每周浇水1次。浇水时要浇透，以有水能从底座流出为宜。

移栽最好选在3月初，这时植物还未开始生长。在移栽频率方面，小苗长大、花盆小了即可移栽，如果是大植株的话，2～3年移栽1次就够了。

拟石莲花属或是千里光属多肉可进行芽插或是叶插。十二卷属可利用侧枝进行分株。“玉扇”、“万象”等粗跟的植株可利用压根进行繁殖。

6～8月的养护方法

由于耐热性较差，应将多肉放置在通风良好的凉爽处。

7～8月份完全断水或是每月少量浇1次水。

浇水过量很容易使其腐烂。但过于干燥，很容易使其枯死，特别是小植株。适度浇水是难点。需根据植物的状态进行养护。

在过于干燥的环境下，十二卷属等会从周边老叶开始顺次干枯，所以不宜要完全断水。可1个月少量浇水1～2次，让土壤稍稍湿润。

此外，避免雨淋也非常重要。即便是置于雨水淋不到的地方，也要注意雷阵雨、台风等天气，毕竟潮湿很容易致使冬种型和春秋种型多肉腐败。

养殖方法的基础知识

春秋种型的基本习性与夏种型相同，不喜高温多湿的气候，所以夏季最好令其休眠。虽然在凉爽的地区，夏季里也能生长，但鉴于很难严格区分，生长的高峰还是在春季和秋季。此外，青锁龙属的多肉有各种各样的属性，本书中统一划归为春秋种型。

9～11月的养护方法

进入9月后，酷热的天气还会持续一段时间，但夜晚的温度会渐渐降低。此时，夏季休眠的植株也开始萌发新芽。

夏季时需要避光的植物，这段时间也要移回光照充分的地方，但不能突然给予植物阳光直射，到9月中旬左右，可采用遮光处理。

10～11月应给予充分光照。拟石莲花属等在秋冬季节会发生红叶现象，如果这段时期的光照充分，叶片的颜色会非常漂亮。

浇水频率同春季，恢复为每周1次。秋季是生长期，所以每月施肥1次比较好。移栽、分株、芽插也可以在此时期进行。

随着气温的降低，浇水的间隔也要慢慢拉长，为过冬做准备。如果秋季浇水过多，到了冬季，低温很容易损伤植株，11月份浇水频率改为隔周1次比较好。

12～2月的养护方法

随着气温的下降会出现生长速度放缓的情况。最后会出现生长停止，到春季进行休眠。12月份后移入室内比较好，但要放置在窗边等光照良好的地方。拟石莲花属的美丽红叶、十二卷属的透明小窗，让我们尽享多肉植物带来的乐趣。时常给肉肉们开开窗、透透气也非常重要。

由于极耐寒，放在室外也无妨。但要放在北风吹不到的向阳位置，还要注意防霜、防风。

浇水尽可能的少，1个月1次，只需要用水打湿即可。土壤即使干燥也问题不大。

如果在室内或是温室等温暖的地方，浇水多就会开始生长。如光照良好则无大碍，光照不好就会出现徒长。在不能保证充分光照的地方，最好控制水量让其休眠。

拟石莲花属

Echeveria

DATA

科　　名	景天科
原 产 地	中美洲
浇　　水	春秋两季每周1次，夏季每3周1次，冬季每月1次
根的粗细	细根类
难 易 度	★★☆☆☆

拟石莲花属的莲座型叶片排列如玫瑰一般，非常美丽。以墨西哥为中心，有100多种原种植株，还有很多杂交品种或是园艺品种。从直径3cm的小植株到直径40cm的大植株，大小各不相同。叶片的颜色也富于变化，有绿色、红色、黑色、白色、蓝色系等。应季的花朵和秋季的变色叶片，都值得一看。

拟石莲花属的生长期是春季和秋季。需要在充足的日照和良好的通风环境下进行养殖。根据植株原生环境的不同，有不耐热型的、也有不耐寒型的。在适宜的环境下，叶片会有紧致的造型。所有品种的长势都很好，因而每年初春换一次大盆比较好。也可通过叶插或是芽插的方式进行繁殖。

蓝与黄

Echeveria 'Blue and Yellow'

具有红色小尖和红色边缘的杂交品种(E.chihuahuaensis' Ruby Blush' *E.pulid onis)。

鲁道夫石莲

Echeveria rodolfii

2000年被确认的新的拟石莲花属原种。图片所示为开花阶段的植株。莲座直径约15cm，挺立的花茎上开橙黄色花朵。

七福神·Tenango Dolor

Echeveria secunda'Tenango Dolor'

七福神·Tenango Dolor是七福神系的小型原种多肉,多花性。原产于墨西哥Tenango。图片所示为超小型植株、莲座的直径约5cm。

大和美尼

Echeveria(purpusorum×minima)× lilacina

大和美尼继承了3种杂交亲缘的特点，外观十分漂亮。叶片呈莲座型，直径最多约为7cm，属于小型多肉植物。图片所示为夏季的样态，到了冬季叶片变色后会更加美丽。

Echeveria stolonifere

Echeveria'Stolonifere'

Echeveria stolonifere是杂交品种(E. secunda*gibbiflora' Glandflora'),酷似secunda，花瓣和叶片的形状则像粉彩莲，直径约8cm。

卡罗拉·Tapalpa

Echeveria colorata var.Tapalpa

卡罗拉·Tapalpa是原产自墨西哥Tapalpa地区的白色小型品种，很漂亮。长大后很像“墨西哥巨人”，但小的时候叶片顶部红色的小尖儿和花朵不同。

大和锦

Echeveria purpusorum

图片所示为“大和锦”的原种，叶片前段较尖，带有明显的自然斑，很是漂亮。市面上流行的“大和锦”杂交品种“Dionysos”，它的叶子发红，而且肥嘟嘟的。

罗密欧

Echeveria agavoides 'Romeo'

罗密欧来自德国，是由东云“魅惑之宵”(E. agavoides 'Corderoyi')突变而生的。“金牛座”所指的也是这种植物。

相生伞

Echeveria agavoides 'Prolifera'

相生伞在日本的栽培中由来已久，作为“长生”的原种，叶片颜色和形状都很漂亮。可与很多品种进行杂交。

Evonyi缀化

Echeveria agavoides 'Evonyi' f. *cristata*

Evonyi缀化是小型的缀化品种。由于生长点发生变化，会长出很多的叶。比“鯱”的叶片要大，长大后会更加美丽。

gigantean*laui

Echeveria gigantea×laui

gigantean是一种集大型的树木型拟石莲花属多肉植物。它与无茎的雪莲杂交，诞生了莲座型的杂交品种。还未命名。

白凤

Echeveria 'Hakuhou'

白凤是霜之鹤和雪莲杂交的优良品种，是世界闻名的日本产多肉。从绿色到粉色，很有层次美。

甜心

Echeveria 'Sweetheart'

甜心是雪莲与"碧牡丹大日向作"杂交产生出的小型品种。而"碧牡丹大日向作"也是造型漂亮的日本产杂交品种。

皮氏石莲锦/蓝石莲锦

Echeveria peacockii var. *subsessilis* f.*variegata*

皮氏石莲带斑纹的品种，在拟石莲花属也算得上是漂亮的品种。通过叶插无法得到带斑纹的品种。

纸风车
Echeveria pinwheel (sp 3/07)

纸风车是同样是小型植株，其漂亮程度和若桃相差无几。有人认为是Echeveria secunda的变种，其姿态充满个性，富有观赏价值。

Echeveria Powder Blue
Echeveria 'Powder Blue'

它是中型杂交品种(Echeveria cante ×Echeveria sp.)。青瓷色的叶片披了层白色粉状物，生命力特别强。

Revolution
Echeveria 'Revolution'

它是纸风车实生的突变品种。是可以和“特叶玉莲”相提并论的独特新品种。

莎薇娜·green frills
Echeveria shaviana'Green Frills'

莎薇娜基本品种的叶片富含变化，包括祇园之舞和blue frills等。本品为原产自佩雷格里纳的green frills。

Casandra

Echeveria 'Casandra'

由两个拟石莲花属的美丽品种杂交而成，亲株为Echeveria cante＊shaviana。
属于亲缘都是优良物种的杂交品种。

剑司·布斯塔曼特

Echeveria strictiflora 'Bustamante'

原产自布斯塔曼特地区的剑司品种。米黄色的菱形叶片焕发出白色光辉。

月影·拉巴斯

Echeveria elegans 'La Paz'

原产自拉巴斯的月影品种。叶的顶端反翘，呈淡紫色，非常漂亮。是最近新发现的小型品种。

蓝宝石·lau 30

Echeveria subcorymbosa'Lau 030'

蓝宝石·lau30是小型的群生株形成的优良品种。还有"凌波仙子lau026"等变形物种。可以做小型杂交品种的亲株。

茜蝴蝶缀化
Echeveria coccinea f. *cristata*

茜蝴蝶缀化是茜蝴蝶的缀化植株。具有树丛性、经常长出枝干，形成树木型。此外，叶片萎缩变种，还有茜蝴蝶•毛竹的品种。

Echeveria fumilis
Echeveria fumilis

Echeveria fumilis 是小型紫色系的优良品种。原产自墨西哥、对夏季的高温稍敏感。

阿芙罗狄特
Echeveria 'Aphrodite'

紫红色的叶片向内侧卷曲成优雅的形态，名字同代表爱与美的女神“阿芙罗狄 特”。作为杂交品种，杂交双亲为粉叶莲和蒙恰卡。

玉珠东云
Echeveria J.C.Van Keppel

玉珠东云是东云和月影的杂交品种，胖乎乎的莲座型极具人气。长时间的无性繁殖，很容易腐烂，需要特别注意。

Echeveria 'Shangri–ra'

Echeveria 'Shangri-ra'

它是丽娜莲和墨西哥巨人的杂交品种。叶片的样态和颜色都继承了亲株的优点。

Echeveria petit

Echeveria 'Petit'

Echeveria petit是若桃和Echeveria sekunda "Glauka"的杂交品种。亲株都是小型拟石莲花属多肉植物，因而取名为小巧可爱的"petit"。

卡特斯

Echeveria catorse

卡特斯以前被命名为"Reai de Catorse"，现在叫做"Echeveria catorse"。也有人认为属于"Echeveria secunda"，但两者的开花方式不同。

Echeveria rubromaruginata selection/选择

Echeveria rubromaruginata 'Selection'

是从原种Echeveria rubromaruginata中挑选而出的小型品种，其主要特点是叶片的荷叶边。

圣诞

Echeveria 'Christmas'

圣诞又叫做“圣诞东云”，只要看到其花朵就能了解到它是由花月夜和某种拟石莲花属杂交而成。

卡罗拉

Echeveria colorata

人们常讨论林赛与卡罗拉的区别，事实上林赛是卡罗拉的一种。卡罗拉还有Tapalpa等变种。

Echeveria cuspidata

Echeveria cuspidata

Echeveria cuspidata是中型的具有漂亮外形的品种，叶片顶部的小尖儿是其主要特点。生命力强且花朵漂亮，具有多花形。

福祥

Echeveria 'Hanaikada' f. *variegata*

祥福是“花筏”的斑纹品种。产自中国台湾地区的福祥园，日文名字为祥福。

青锁龙属

Crassula

DATA

科名	景天科
原产地	非洲南部~东部
浇水	生长期每1~2周1次，休眠期要控制浇水量
根的粗细	细根类
难易度	★★☆☆☆

青锁龙属富于形态变化，有各式各样的品种。是一大类富有魅力的多肉植物，仅原种就高达500多种，其中有的甚至看起来都不像是植物。

分布广泛，且根据生长期的不同，分别可划归为夏种型、冬种型和春秋种型。夏种型多为大型植株，冬种型多为小型植株。

大多喜欢光照和通风良好的环境，特别是夏季休眠的冬种型和春秋种型，特别不喜欢日本夏季高温潮湿的环境。应避免强光直射，并保证通风良好，才能顺利帮助其度夏。夏种型不怕淋雨，但如果是叶片披白粉的品种，淋雨后很容易被污染或腐烂，注意最好浇水时不要淋到。

彩色蜡笔锦

Crassula rupestris'Pastel'

彩色蜡笔锦是小小叶片重叠延伸的小型青龙锁属多肉植物。属于日本产的“彩色蜡笔”的斑纹品种。这个类型中类似的植株有多个。

红缘水晶

Crassula pellucida var.*marginalis*

约10cm的茎上长着5mm左右的小叶，很多的茎呈匍匐状。应注意避免夏季高温。

筒状花月

Crassula ovata'Gollum'

筒状花月是大家熟悉的“发财树”的变种，又被称为“宇宙树”。夏种型，冬季需在室内存放。

小夜衣

Crassula tecta

小夜衣是冬种型青龙锁属多肉植物，肉质叶从根部长出。叶片上布满细小的白点，甚是美丽。养护时需注意，夏季特别不耐热。

crassula nadicaulis var. hereei

Crassula nadicaulis var. *hereei*

crassula nadicaulis var. hereei的叶片为两片对生，随着气温的降低会染上漂亮的颜色。夏季应注意避光、保持微干燥的环境，冬季注意防冻。

发财树

Crassula ovata f.'Money Plant'

发财树有很多斑纹品种，图中所示为其中一种。作为夏种型青龙锁属多肉植物，皮实易繁殖。

蔓莲华
Crassula orbicularis

蔓莲华呈小小的莲座型，通过伸长匍匐枝可以获得很多子株。夏季需要在阴凉、稍干燥的环境养护。

银杯
Crassula hirsuta

银杯有很多棒状的柔软叶片，秋冬季节会染上红色。夏季需要在通风良好的地方进行稍干燥的养护，冬季需转移到温度在5摄氏度以上的室内。

梦椿
Crassula pubescens

梦椿的棒状叶上密布着绒毛。叶片在春秋生长期内是绿色，在夏冬休眠期则变成紫红色。

玉椿
Crassula teres

玉椿是直径约呈1cm的棒状植株，冬季开白色花朵。叶片如鳞片一般紧紧地粘在一起。夏季应避免阳光直射，进行稍干燥的养护。

天锦章属
Adromischus

DATA

科　　名	景天科
原 产 地	南非
浇　　水	春秋两季每周1次，冬夏两季每3周1次
根的粗细	细根类
难 易 度	★★☆☆☆

天锦章属是具有奇妙造型和独特花纹的多肉植物。品种变化多样，是受大众欢迎的收藏对象。花纹的样态和颜色会随着栽培环境的变化而变化。

需放置在日照和通风良好的地方进行养护。春秋两季是生长期，夏季休眠。因此要特别注意避免夏季阳光直射。盛夏时需遮光30%～50%，如果在室内可放在有蕾丝窗帘的窗边，进行半日阴养护。

夏季需要控水，浇水过多会导致腐烂，过少则容易衰弱，是比较难养的品种。夏季的养护是重点。

叶插特别简单，无需择期即可操作。移栽的最佳时间是初秋。

御所锦
Adromischus maculatus

叶片具有紫褐色斑纹和独特颜色，夏季可长出长长的花茎，开极小的粉色花朵。夏季需要控水，进行稍干燥的养护。

adromischus marianiae/水泡
Adromischus marianiae

肉质叶上带有紫褐色的斑纹，初夏长出花茎，开白色花朵。有很多变异品种，图中所示为基本品种。

达摩神想曲
Adoromischus cristatus var.*schonlandii*

肉质叶有的呈卵形，有的呈棍棒状。春秋两季是其主要生长期。不耐热，需特别注意夏季的养护。

银之卵
Adoromischus marianiae'Alveolatus'

叶片呈卵形，硬而凹凸不平，裹着绒毛，上面还有少许的小沟。秋季到春季是生长期，属于生长缓慢、不好伺候的类型。

雪御所
Adoromischus leucophyllus

带有白粉的叶片是其最具美丽的地方。注意不要因为触碰或浇水使其脱落。新芽呈红色，不带白粉。夏季休眠。

太平乐
Adoromischus marianiae var. *herrei*

奇特的肉质叶长约5cm，上面有很多小小的凸起。秋季到春季是生长期，夏季需要进行断水处理。根据叶片颜色的不同又分为多个品种。

千里光属

Senecio

DATA

科　　名	菊科
原 产 地	非洲西南部、印度、墨西哥
浇　　水	春季~秋季每周1次，冬季每3周1次
根的粗细	细根类
难 易 度	★★☆☆☆

千里光属是比较耐寒和耐热的易养多肉品种。根部不喜干，因而不论是夏季休眠还是冬季，都不能让根部过于干燥，移栽的时候也如此。平时要给予充分关照，防止徒长。

Senecio hippogriff

Senecio'Hippogriff'

生有很多纺锤形的叶片，叶片上带有细细的纵纹，皮实易养。枝干可在空中生根，只需剪下移栽即可成为小苗。

大弦月城

Senecio herreanus

原产自纳米比亚地区的小型物种。肉质叶片呈纺锤形，茎蔓生。皮实易养，又名“京童子”。

新月·有茎君子兰/新月·caulescens

Senecio scaposus var. *caulescens*

千里光属新月的变种。叶片较宽，拥有优雅的群生株。

新月
Senecio scaposus

原产自南非。棒状叶片上披白色绒毛。凉爽期内生长，但要注意即便是处于生长期，也不能浇水过量。适合在光照和通风良好的地方进行养护。

银月
Senecio haworthii

原产自南非。美丽的纺锤形叶片上披白色绒毛。春季开黄色花朵。由于不耐夏季的热，需放置在通风良好的地方进行稍干燥的养护。

回欢草属
Anacampseros

DATA

科　　名	马齿苋科
原 产 地	南非
浇　　水	春秋两季每周1次，冬夏两季每3周1次
根的粗细	细根类
难 易 度	★★★☆☆

回欢草属多肉植物多为小型品种，生长速度缓慢。具有较强的耐热和耐寒性，但却不喜夏季多湿的气候。因而夏季要特别注意通风。除盛夏和寒冬外，只要土壤干了就需大量浇水。

Anacampseros lubbersii
Anacampseros lubbersii

直径约5cm的球形叶片如葡萄般大量排列在一起。夏季长出花茎，开粉色花。自然结果，偶尔坠落的果实也会发芽。

十二卷属

Haworthia

DATA

科　名	百合科／阿福花亚科
原产地	南非
浇　水	春秋两季每周1次，夏季每2周1次，冬季每月1次
根的粗细	粗根类·细根类
难易度	★☆☆☆☆

软叶瓦苇属多肉的叶片形状、颜色、花纹等富于变化，是收藏性极高的多肉植物。园艺品种又分叶片柔软，喜欢柔和光线的软叶类，以及叶片坚硬喜欢较强直射光的硬叶类。软叶类的代表品种有“玉露”、“玉扇”，硬叶类的代表品种有“十二卷”等。最近软叶类叶片顶端带小窗的品种特别受花友欢迎。

该属生长期是春季和秋季。适合采用通风良好的半日阴养护或是放置在明亮的室内。注意温度不能低于5度。盛夏或是寒冬生长缓慢，需要控水。春秋两季，只要土壤干燥了就可大量浇水。在多肉植物中算是比较喜水的植株。此外，粗根会伸长，因而最好用深盆。繁殖一般是从根部分株。

紫玉露

Haworthia obtusa‘Dodoson Murasaki’

紫玉露是软叶系代表玉露的紫色品种，吸光的小窗大而美丽。全年要进行明亮的半日阴养护。

圆头玉露

Haworthia cooperi var. *pilifera* f.*variegata*

圆头玉露是软叶系玉露近缘的cooperi的斑纹品种。培育方法同玉露，需要明亮的半日阴养护。室内栽培没有问题。

皇帝

Haworthia'Emperor' (*H. cooperi* var. *maxima*)

如同名字所示，皇帝是大型多肉品种，放在室内有很强的存在感。植株大小是普通玉露的2倍，小窗也很大。

姬绘卷

Haworthia gracilis var.*tenera*

姬绘卷是小型的软叶系十二卷属多肉植物，每个莲座的直径约3cm。半透明的叶片边缘长有很多柔软的小毛。

银龟

Haworthia mutica hybrid'Silvania'

软叶系多肉银龟的三角形厚质叶呈莲座状重叠排列。小窗的部分有着美丽的银色。秋季到春季适合放在光照良好的窗边进行养护。

康氏十二卷锦

Haworthia comptoniana f.*variegata*

康氏十二卷是类似于西山寿的大型软叶系多肉。本品种是其斑纹品种。叶片上有黄色或白色的花纹，非常美丽，从秋季到春季的养护应保证日照良好。

万年青

Haworthia picta

叶片的表面较粗糙的十二卷属多肉植物。虽然叶片并不太柔软，但属于软叶系。从秋季到春季的养护应保证日照良好。

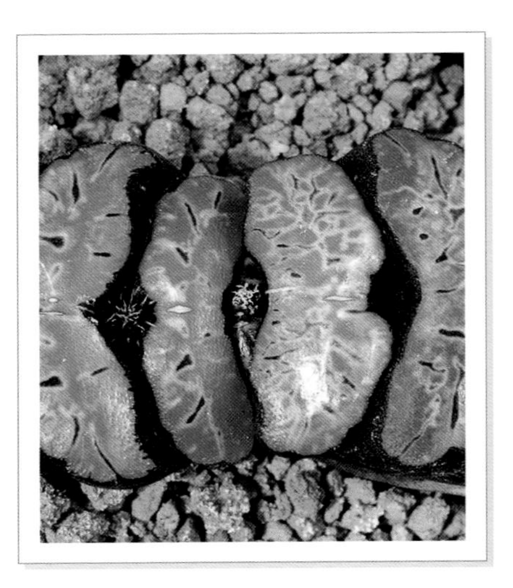

玉扇

Haworthia truncata

叶片左右一字排开，呈扇形。各个叶片顶端如切割般平滑，且带有半透明的小窗。有很多品种。

静鼓锦

Haworthia'Seiko Nishiki'

静鼓是“玉扇”与“寿”的杂交品种，本品种是其斑纹品种。容易养殖、子吹，虽然经常繁殖，却很难出现好的斑纹。

琉璃殿白斑

Haworthia limifolia f.*variegata*

琉璃殿是硬叶系十二卷多肉植物，三角形的细长硬叶呈螺旋状排列。本品种为它的斑纹品种。可从底部伸出匍匐枝，进而成为子株。

星No.1
Haworthia'Subaru No.1'

硬叶系十二卷属多肉的杂交品种。星No.1是美丽的小型多肉、叶片上有很多白色的凸起斑点。冬季应放置在日照良好的地方，保证温度在5度以上。

冬之星座甜甜圈锦
Haworthia'Doonatsu Huyunoseiza- Nishiki'

冬之星座甜甜圈是白色斑点呈甜甜圈样态的美丽杂交品种。本种是其带黄色斑纹的品种。培育方法同“星”。

松塔掌属
Astroloba

DATA

科　名	百合科／阿福花亚科
原产地	南非
浇　水	春秋两季每周1次，夏冬两季每3周1次
根的粗细	粗根类
难易度	★★☆☆☆

南非生长着约15种该属多肉植物。与十二卷属的硬叶系多肉相似，无论是什么植株都呈现小塔的形状。生长期是春秋两季，休眠期要注意控水。和十二卷属一样，需要避强直射阳光进行栽培。

Astroloba congesta
Astroloba congesta

植株呈柱状延伸、叶片众多，且三角形的叶片顶部很尖。夏季需要进行遮光处理，冬季需要给予充分光照。由于非常耐旱，所以需要控制浇水量。

INDEX

内容提要

这是一本让多肉新人快速入门的难得实用读本，本书所介绍的多肉是市面上最受欢迎的品种，按照不同季节养护分类，为读者介绍最简便易行的养肉方法，解决新人们最常见的多肉养护问题。本书的图片展示一目了然。图文解说指导挑选健康的萌肉，帮助了解多肉们的喜好和四季生活习性，展示叶插、砍头、播种等最常见的多肉繁殖法，一步一图，简单易行， 操作方便。让所有多肉新人的养护问题，都不再是问题！

北京市版权局著作权合同登记号：图字 01-2015-8328 号
かわいい多肉植物たち
Kawaii Taniku Shokubutsu Tachi

图书在版编目（C I P）数据

新手养多肉不败指南 /（日）羽兼直行著 ；满新茹译. -- 北京 ：中国水利水电出版社，2016.8（2017.4重印）
ISBN 978-7-5170-4670-7

Ⅰ. ①新… Ⅱ. ①羽… ②满… Ⅲ. ①多浆植物—观赏园艺—指南 Ⅳ. ①S682.33-62

中国版本图书馆CIP数据核字(2016)第207819号

策划编辑：张静　责任编辑：邓建梅　封面设计：刘涛　摄影：(日)小须田进(一部分)

书　　名	新手养多肉不败指南 XINSHOU YANG DUOROU BU BAI ZHINAN
作　　者	[日]羽兼直行 著　满新茹 译
出版发行	中国水利水电出版社 （北京市海淀区玉渊潭南路 1 号 D 座　100038） 网　址：www.waterpub.com.cn E-mail：mchannel@263.net（万水） sales@waterpub.com.cn 电　话：（010）68367658（营销中心）、82562819（万水）
经　　售	全国各地新华书店和相关出版物销售网点
排　　版	北京万水电子信息有限公司
印　　刷	北京市雅迪彩色印刷有限公司
规　　格	148mm×210mm　32开本　4印张　107千字
版　　次	2017年1月第1版　2017年4月第2次印刷
印　　数	5001—15000册
定　　价	36.00元